中国地质大学（武汉）秭归产学研基地野外实践教学系列教材

秭归产学研基地
野外实践教学教程
——土地资源管理与整治工程分册

朱江洪　周学武　主编

图书在版编目(CIP)数据

秭归产学研基地野外实践教学教程.土地资源管理与整治工程分册/朱江洪,周学武主编.—武汉:中国地质大学出版社,2021.12
中国地质大学(武汉)秭归产学研基地野外实践教学系列教材
ISBN 978-7-5625-5174-4

Ⅰ.①秭…
Ⅱ.①朱… ②周…
Ⅲ.①土地资源-资源管理-高等学校-教材 ②土地管理-高等学校-教材
Ⅳ.①P622 ②P642

中国版本图书馆 CIP 数据核字(2021)第 271506 号

秭归产学研基地野外实践教学教程 ——土地资源管理与整治工程分册	朱江洪　周学武　主编
责任编辑:舒立霞	责任校对:徐蕾蕾

出版发行:中国地质大学出版社(武汉市洪山区鲁磨路388号)			邮编:430074
电　　话:(027)67883511	传　　真:(027)67883580		E-mail:cbb@cug.edu.cn
经　　销:全国新华书店			http://cugp.cug.edu.cn
开本:787 毫米×1092 毫米　1/16		字数:295 千字	印张:11.5
版次:2021 年 12 月第 1 版		印次:2021 年 12 月第 1 次印刷	
印刷:湖北睿智印务有限公司			
ISBN 978-7-5625-5174-4			定价:36.00 元

如有印装质量问题请与印刷厂联系调换

《秭归产学研基地野外实践教学教程
——土地资源管理与整治工程分册》

编委会

主　编：朱江洪　周学武

副主编：柴　季　龚　健　叶　菁　向敬伟
　　　　渠丽萍

编　委（以姓氏笔画为序）：

　　　叶　菁　　中国地质大学（武汉）
　　　刘　成　　中国地质大学（武汉）
　　　刘艳霞　　中国地质大学（武汉）
　　　刘越岩　　中国地质大学（武汉）
　　　向敬伟　　中国地质大学（武汉）
　　　朱江洪　　中国地质大学（武汉）
　　　周学武　　中国地质大学（武汉）
　　　柴　季　　中国地质大学（武汉）
　　　渠丽萍　　中国地质大学（武汉）
　　　龚　健　　中国地质大学（武汉）

前　言

教学实习是在本科生完成地籍测量、普通地质学、土壤学、土地资源学、地理信息系统、遥感导论等课程之后，到实习基地集中进行的生产实践性教学，即在专业导师的指导下，将所学的专业理论知识运用到实践中，培养分析问题、解决问题的能力。教学实习是本专业培养目标中实践教学环节中的重要部分，对于帮助学生巩固所学理论知识、提高综合素质、培养创新精神与实践能力具有十分重要的作用。

本实习指导书在说明实习目的、要求及安排，介绍实习区概况、区域地质背景的基础上，结合实习区土壤类型、土地利用现状、旅游资源开发、城市建设及土地整治方面现状特点，阐明了土壤剖面及国土调查、文化与旅游资源、城市规划及土地整治工程方面的基本知识及方法，并针对性地安排了相关的实习路线，对土地资源管理、土地整治工程专业的教学实习具有重要的实践实训指导作用。

全书共分 8 章，由朱江洪、周学武担任主编，柴季、龚健、叶菁、向敬伟、渠丽萍担任副主编，具体分工如下：第一章由朱江洪编写，第二章由朱江洪、周学武、刘成、刘艳霞编写，第三章由周学武、龚健、刘越岩编写，第四章由周学武、叶菁、向敬伟编写，第五章由柴季、渠丽萍、向敬伟、刘越岩编写，第六章由龚健、周学武、朱江洪、刘成编写，第七章由龚健、渠丽萍、柴季、周学武编写，第八章由朱江洪、向敬伟、柴季、刘艳霞编写。朱江洪、周学武负责全部内容审阅及修改编撰工作，刘艳霞负责书中图表的清绘工作。

在本书编写过程中，得到了李江风教授、王占岐教授、胡守庚教授、方世明教授、姚小薇副教授、徐枫副教授、刘志玲讲师、汪樱博士、杨建新博士、张红伟博士等的热心帮助与指导，在此一并表示衷心感谢！

这部教材是在原电子版《秭归基地土地资源管理专业教学实习指导书》的基础上完成的，书中吸收了地质学、环境地质学、水文地质学等相关专业的野外实习的优秀成果，并补充了大量的土壤剖面的实训资料，基于三调成果与国土空间规划配套要求，将原土地资源调查修改为国土调查，进一步充实了文化与旅游资源、城市规划及土地整治等方面的知识，力求更好地为学生提供帮助。尽管如此，由于编者的水平有限，书中难免存在疏漏与不足之处，敬请读者批评指正，以达到教学相长、共同进步的目的。

编　者

2021 年 8 月

目 录

第一章 绪 论 …………………………………………………………………… (1)
　　第一节 实习目的 …………………………………………………………… (1)
　　第二节 进程安排及要求 …………………………………………………… (2)
　　第三节 成绩考核评定 ……………………………………………………… (3)
　　第四节 注意事项 …………………………………………………………… (3)
第二章 实习区概况 ……………………………………………………………… (4)
　　第一节 自然地理 …………………………………………………………… (4)
　　第二节 自然资源 …………………………………………………………… (9)
　　第三节 社会经济 …………………………………………………………… (11)
　　第四节 交通运输 …………………………………………………………… (13)
　　第五节 基地概况 …………………………………………………………… (13)
第三章 实习区区域地质背景 …………………………………………………… (17)
　　第一节 地质调查研究简史 ………………………………………………… (17)
　　第二节 基础地质 …………………………………………………………… (18)
　　第三节 新构造运动与地震 ………………………………………………… (30)
　　第四节 环境地质及工程地质问题 ………………………………………… (30)
　　第五节 水文地质特征 ……………………………………………………… (33)
　　第六节 地质实习路线及内容 ……………………………………………… (41)
第四章 土壤剖面调查 …………………………………………………………… (51)
　　第一节 土壤基本知识 ……………………………………………………… (51)
　　第二节 秭归耕地土壤类型 ………………………………………………… (54)
　　第三节 野外工作方法 ……………………………………………………… (66)
　　第四节 土壤实习路线及内容 ……………………………………………… (69)
　　第五节 土壤实习报告编写大纲及案例 …………………………………… (78)
第五章 国土调查实习 …………………………………………………………… (86)
　　第一节 国土调查实习内容 ………………………………………………… (86)
　　第二节 国土调查实习步骤及路线 ………………………………………… (87)
　　第三节 国土调查底图制作 ………………………………………………… (101)
　　第四节 土地利用现状实地调查 …………………………………………… (107)

  第五节 土地权属实地调查 …………………………………………… (108)

  第六节 国土调查实习成果 ………………………………………………… (110)

第六章 文化与旅游资源认识 ………………………………………………… (111)

  第一节 旅游资源及分类 ………………………………………………… (111)

  第二节 秭归文化与旅游资源概况 ……………………………………… (113)

  第三节 旅游实习路线及内容 …………………………………………… (119)

第七章 城市土地利用认识 …………………………………………………… (131)

  第一节 关于城市及城市规划 …………………………………………… (131)

  第二节 秭归城镇概况 …………………………………………………… (133)

  第三节 城市认识实习路线及内容 ……………………………………… (144)

第八章 土地整治工程认识 …………………………………………………… (154)

  第一节 基本概念 ………………………………………………………… (154)

  第二节 秭归县土地治理工程概况 ……………………………………… (155)

  第三节 土地整治实习路线及内容 ……………………………………… (159)

附件 地类判读操作指导 ……………………………………………………… (165)

主要参考文献 ……………………………………………………………………… (175)

第一章 绪 论

第一节 实习目的

　　教学实习是在本科生完成地籍测量、普通地质学、土壤学、土地资源学、地理信息学、遥感导论等课程之后，到实习基地集中进行的生产实践性教学，即在专业导师的指导下，将所学的专业理论知识运用到实践中，培养分析问题、解决问题的能力。教学实习是本专业培养目标实践教学环节中的重要部分，对于帮助学生巩固所学理论知识、提高综合素质、培养创新精神与实践能力具有十分重要作用。教学实习的主要目的是：

　　(1)在指导老师的带领下，通过对野外地质地貌、土壤、土地利用现状的调查和分析，将普通地质学、土壤学、土地资源学、地理信息系统、遥感等课程里的理论知识运用到实践中；巩固本专业的基础理论知识，培养学生的动手能力。

　　(2)掌握土地利用现状调查、更新调查、变更调查和土地权属调查的实际工作程序；掌握正射遥感影像图的纠正、镶嵌和标准分幅影像图的地类判读方法；利用GIS软件平台，建立实习区土地利用管理信息系统，完成面积统计和专题图的制作；分析调查区域土地利用现状的数量、质量及空间分布现状。

　　(3)了解湖北省秭归县常见岩石特征类别；了解由这些岩石发育来的土壤的基本特征类别；了解实习区土壤各土类(黄壤、黄棕壤、棕壤、石灰土、紫色土、潮土、水稻土等)以及主要亚类、土层的剖面形态特征类别；学会野外挖掘、记载描绘土壤剖面的技术；了解土地复垦(土壤改良)、土壤肥水管理的技术关键等。

　　(4)了解实习区地形、地貌特征以及实习站的地理位置；了解基本地质概况及实习路线的分布；掌握罗盘仪的使用方法，利用罗盘确定东、西、南、北方位，并亲自动手测量面状构造产状；学会使用地形图和在地形图上定点的基本方法；熟悉和掌握野外地质调查研究中地质点的基本记录格式及素描图的基本要求。

　　(5)了解秭归新城的基本概况；认识城市的行政中心、商业中心；了解城市道路系统；了解秭归房地产和工业园的发展概况。通过城镇土地利用现状的调查，了解城镇土地利用状况，以及土地评价、规划的基本概念，为后续的专业课学习和研究奠定良好的基础。

第二节　进程安排及要求

一、进程安排

教学实习时间在每年 8 月中旬至 9 月下旬,共 6 周。分为 3 个阶段:动员准备阶段(1 周)、野外教学实习阶段(4 周)、实习报告编写阶段(1 周)。

1. 动员准备阶段(1 周)

通过实习动员、实习情况介绍,使学生了解本次实习的目的、内容、安排及需要达到的目标,从思想上和物质上做好准备,时间为半天。

准备工作包括:
(1)每班按 6～9 人编一组,指选实习组组长。
(2)在教师指导下,进行实习区遥感影像解读并绘制野外用图。

2. 野外教学实习阶段(4 周)

前两周,在教师指导下,观察记录土壤剖面;认识基本地质现象及三大类岩石;了解并使用罗盘;游览地质公园;考察矿山废弃地及物流园;参观三峡大坝、屈原祠。

后两周,在教师指导下,进行城镇、农村土地利用现状调查和土地权属调查。

3. 实习报告编写阶段(1 周)

编写实习报告主要培养学生整理、归纳和综合分析实际调查资料的能力,使理论与实际相结合。根据路线教学及独立工作内容,进行分析、归纳并得出初步的研究结论,编制相应的研究报告。报告的编写有利于学生总结取得的研究成果,阐述自己的观点,合理科学得出结论,并加以提炼和升华,从中获得科学论文或报告的编写经验。

要求学生按照资料整理的目的和要求,以及图件的格式、报告提纲的规范,独立完成图件的编绘及报告编写。每人提交实习报告的手写版及电子版各一份,内容包括:土地利用现状调查、土地权属调查、土壤资源调查、旅游地质调查、城市土地规划等方面,要求章节内容安排合理,重点突出,图件表述准确美观,数据资料准确可靠、无虚假内容,分析言之有理、依据充分,结论正确合理。

实习报告要求字数为 8000～10 000 字(含图)。实习结束前提交。

二、基本要求

(1)学生在实习期间要互相协作、互相配合、互相帮助,要有团队精神。
(2)学生一般不得请事假,特殊情况需请事假时,3 天以内由领队教师批准,3 天以上报院(系)审批。
(3)实习学生必须严格遵守实习单位的有关规章制度。

(4)实习期间不得离开实习地点到外地游逛,只能在实习地实习和休息。要求集体到实习地点,集体返校。

第三节　成绩考核评定

实习结束时,教师按各阶段表现和实习报告的编写质量等对学生进行综合考核,按照百分制评分,报告成绩为各实习教师分别给出报告分值的加权平均分,阶段表现由带队老师直接给出分数。取报告成绩的70%及阶段表现成绩的30%之和作为本次实习的最后成绩。

在成绩评定时,必须坚持实事求是原则,严格要求,统一标准,公平公正。对不及格者(低于60分),必须严加审定。本次实习不及格者将取消本硕博连读及推免研究生申请资格,必须重新进行教学实习(实习经费自理),直到达到基本要求,否则不能获得学士学位。

第四节　注意事项

三峡地区是著名旅游区,同时也有军事禁区、天然林保护区、果品生产区。为了顺利地完成教学任务,特做如下要求:

(1)根据实习地点的气候情况、环境条件和生活条件,准备必要的防护用具和药品,准备实习工具,带上相关参考书籍或资料。

(2)野外活动中要防蛇、野兽的伤害,在险要地段工作要更加小心谨慎。服从安排,严格遵守纪律是确保安全的前提。

(3)实习前认真阅读有关实习教材,明确实习要求,做好必要的准备工作。

(4)实习中遵守相关规定和实习要求,积极思考和分析实习(数据)结果。

(5)保持良好的实习秩序,小组活动期间应团结互助,合理分工,每人均应全面练习。

(6)爱护国家财产,对仪器、设备、工具、实验用品等妥善使用和保管,发现损坏及时向指导教师报告。

(7)按指定时间,独立完成实习实验报告,野外实习总结应当力求材料真实,观点正确,说明理由,而不单纯追求表面形式。

(8)本实习会涉及风景区及管制区,因此应服从管理,爱护野生生物资源,不得随意采摘。同时谨防野外森林火灾。

第二章　实习区概况

中国地质大学(武汉)秭归教学科研实习基地位于湖北省宜昌市秭归县茅坪镇。秭归县位于湖北省西部,长江西陵峡两岸,三峡大坝库首,介于北纬 30°38′—31°11′,东经 110°18′—111°0′之间(图 2-1)。

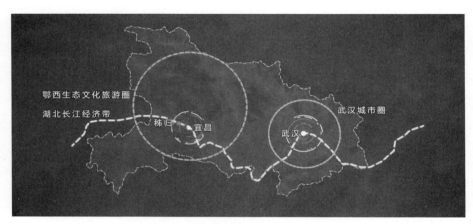

图 2-1　秭归县地理区位示意图

秭归县东起茅坪镇凤凰山,西止磨坪乡凉风台,南起杨林桥镇向王山,北止水田坝乡懒板凳垭,东与夷陵区三斗坪镇、太平溪镇、邓村乡交界,南同长阳土家族自治县的榔坪镇、贺家坪镇接壤,西临巴东县的信陵镇、溪丘湾乡、茶店子镇,北接兴山县的峡口镇、高桥乡。东西相距 66.1km,南北相距 60.6km,全县版图面积约 2427km² (图 2-2)。县政府驻茅坪镇,距宜昌城区 48km,西距老县城归州镇水路 37km,陆路 79.1km。

秭归县名来源于《水经注》"屈原有贤姊,闻原放逐,亦来归,因名曰姊归","秭"由"姊"演变而来。

第一节　自然地理

一、地形地貌

秭归地处中国地形第二阶梯向第三阶梯的过渡地带,川东褶皱与鄂西山地在此会合。境内山脉为大巴山、巫山余脉,地形起伏,层峦叠嶂,岩高谷深。整个地势西南高、东北低,东段为黄陵背斜,西段为秭归向斜,属长江三峡山地地貌。长江由西向东将县境分为南、北两部

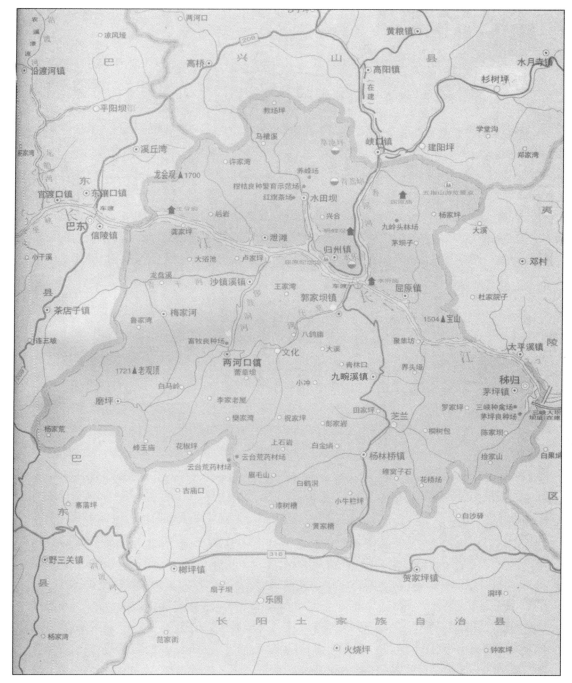

图 2-2 秭归县行政区划示意图

分，江北北高南低，江南南高北低。县境内最高点云台荒海拔 2057m，最低点茅坪河口海拔 40m，平均海拔 800m。县境内群山相峙，多为南北走向，有五指山、马营山、天兴山、梨子山、凉风山、香炉山、向王山 7 条主要山脉。海拔 800m 以上的高山有 128 座，其中 1000m 以上的有 87 座，2000m 以上的有 2 座。由于长江水系川流不息，地面切割较深，形成广大起伏的山冈丘陵和纵横交错的河谷地带,大片平地少,多为分散河谷阶地、槽冲小坝、梯田坡地。

二、气候

秭归县地处中纬度地区,属亚热带大陆季风性气候,四季分明,雨量充沛,光照充足,气候比较温和,是湖北著名的冬暖区和甜橙栽培的适宜区。同时境内山峦起伏,气候垂直变化明显。

据统计,县内年平均气温17.9℃,1月平均6.4℃,极端最低气温－8.9℃(1977年1月30日)。7月平均气温28.9℃,极端最高气温42℃(1959年7月12日),平均气温年较差22.5℃。日均气温一般在0℃以上。5℃以上持续期:低山区331天,半高山区267天,高山区212天。三峡大坝建成后,冬季平均增温0.3~1.3℃,夏季平均降温0.9~1.2℃,气候条件更为温和。

秭归县平均年降水量1 006.8mm(根据归州站1959—1990年资料)。年极端最大降水量1590mm(1963年,归州站),年极端最小降水量733mm(1966年,归州站)。日最大降水量358mm(1975年8月9日,归州站)。每年6—8月降水量最大,11月、12月、1月、2月降水量最小,大部分地区降水天数为120~140天。降水量达50mm以上的暴雨多发生在6—7月。

区内降水受地形影响较大,月降水量及峰期随不同海拔高程而不同,海拔100m以下平均年降水量947.6mm,800m以上1 143.4mm,1500m以上1 865.2mm,1800m以上1 904.3mm。秭归年均降雪天数为3.9天,12月20日为初雪日,次年3月2日为终雪日。

年均蒸发量多于降水量,河谷区平均蒸发量1 429.4mm,8月份蒸发量最高,平均为214.8mm。

三、水文

秭归县境内河流水系发达,溪河网布,水资源较为丰富。长江横贯县境64km,有常流溪河135条,分别汇入长江南北的8条水系注入长江,江南有清港河、童庄河、九畹溪、茅坪河,江北有龙马溪、香溪河、良斗河、泄滩河,形成以长江为骨干的"蜈蚣"状水系。

长江秭归段由重庆入湖北省,在巴东县破石峡流入秭归县,横贯县境中部,于三峡大坝出境(图2-3)。境内流长64km,流域面积724.4km^2。长江在境内又分为3小段:香溪宽谷段,起于巴东县破石峡之黄岩,流经县境内的牛口、上石门、台子湾、泄滩、沙镇溪、归州、屈原庙、下石门、东门头、窑湾溪、卜庄河至香溪河口,流程35km;西陵峡上段(又称归峡),自香溪河口入西陵峡,流经米仓口、兵书宝剑峡、小新滩、黄岩、新滩、牛肝马肺峡、聚集坊、九曲垴至庙河,流程14.6km;庙河宽谷段,起自庙河,流经崆岭峡、兰陵溪、银杏沱至茅坪河口,流程14.4km。

青干河,位于秭归西南部,发源于巴东县绿葱坡,在梅家河乡季家村进入县境,纳龟坪河水,再由西南转向东北,流经梅家河乡谭家岭、尤家湾和沙镇溪镇的马家山、李家河、郭家河、梅坪注入长江。流域总面积772km^2,总流长79.9km。县境内流域面积612km^2,流长53.9km,河道落差800m,平均坡降10.5‰,河床平均宽50m,平均水深1m,年均流量19.06m^3/s。

童庄河,位于秭归南部,发源于云台荒东麓罗家坪村桃树蛸,依次为观沟、仓坪河、平睦

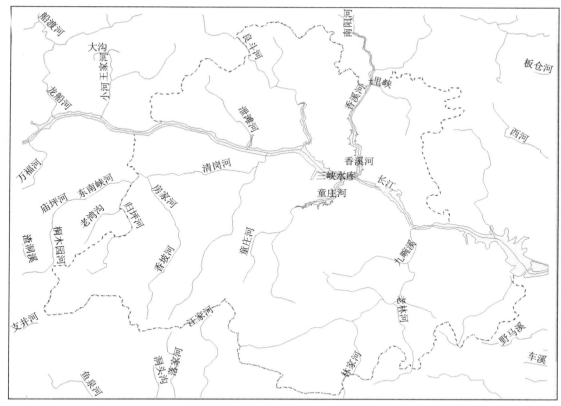

图 2-3 秭归基地区域水系分布示意图

河、大岔河、童庄河,流域总面积 248km², 全长 36.6km。河床平均宽 50m, 平均水深 0.6m, 河道落差 1278m, 年均流量 6.36m³/s, 洪水期最大流量 1000m³/s, 枯水期最小流量 2m³/s, 年均径流量 2.08 亿 m³。

九畹溪,位于县境东南部,发源于云台荒南麓、朱棋荒西北部,依次为三渡河、小溪河、杨林河、纸坊河、九畹溪,统称九畹溪。流域总面积 590km², 全长 44.3km。境内流域面积 514.5km², 流长 42.3km, 河床宽 40～110m, 平均水深 0.8m, 河道落差 859m, 平均坡降 30.6‰, 年均流量 17.5m³/s, 洪水期最大流量 1000m³/s, 枯水期最小流量 2.5m³/s, 年均径流量 5.41 亿 m³。

茅坪河,位于秭归东南部,发源于长阳土家族自治县牛角山上端的大青溪,在大溪村斜墩流入县境。由西南向东北流经茅坪镇的日月坪、建东、陈家坝、过河口、万家坝、九里庙、杨贵店、青龙嘴等地,流域总面积 124.3km², 总流长 25.3km, 境内流域面积 110km²。

龙马溪河,位于秭归东北部,发源于新滩镇曾家冲,沿途纳柏树坡溪、破石溪等小溪沟水,由北向南流经干溪、台子树沟、巴东方、上马坪、龙江至原新滩镇东射洪碛注入长江。龙马溪流域总面积 50.9km², 全长 10km。河床平均宽 2.5m, 河道落差 833m, 平均坡降 98‰, 平均水深 0.2m, 年均流量 1.11m³/s, 年均径流量 0.35 亿 m³。

香溪河,位于秭归东北部,有东、西两源:东源于神农架林区骡马店,名东河;西源于大神农架的红河,名西河。东西两河分别自东北、西北流至响滩汇为主流,又向南流经兴山县高阳镇、峡口镇至游家河入秭归县境。香溪河流域总面积3027km², 总流长101km。县境内流域面积212km², 流长11.1km。河床平均宽80m, 平均水深1.5m, 河道落差2108m, 平均坡降29.1‰。

吒溪河，位于秭归北部，发源于兴山县关门山西麓，在车家河进入县境后依次为凉台河、许家河、袁水河。流长101.4km, 流域总面积426km²。境内流域面积193.7km², 流长52.4km。河床平均宽40m, 平均水深0.5m, 河道落差1097m, 平均坡降13.5‰, 年均流量8.34m³/s, 年均径流量2.63亿m³。

泄滩河，位于秭归西北部，发源于大尖山，沿途纳张家河、白家河、龙头溪等小支流，由西北向东南流经白家坪、八字坟、黄家山、作坊湾、棋盘岭、陈家湾至泄滩集镇西注入长江。全长17.6km, 流域总面积88km²。河床平均宽20m, 平均水深0.2m, 年均流量1.93m³/s, 年均径流量0.61亿m³, 河道落差1000m, 平均坡降63.6‰。

青干河流域为碳酸盐岩类组成的侵蚀构成的中、低山地貌。中生界、古生界灰岩较发育，溶蚀现象严重，岩溶、暗河、溶洞发育。在此流域上段，漏斗、落水洞分布较广，比较稳定的暗河有13处，流量在0.1～1m³/s之间，其中较大的暗流出口位于磨坪乡的天生桥、两河口镇的老龙洞，最大流量1.1m³/s, 最小流量0.1m³/s。

九畹溪流域广泛分布由碳酸盐岩、灰岩类组成的漏斗、落水洞、盲谷、暗河及水平溶洞。在海拔700～1700m, 面积近400km²的山区内，仅漏斗、落水洞有90余个。漏斗最大底面约100m², 小者也在20m²左右，一般深80余米；落水洞洞口直径一般为3～7m不等，洞内宽广，发育甚深，大部分有地下水流动；水平溶洞大小不一，洞口直径一般为2～4m, 最小1m。

全县有水洞穴39个，面积达154.38m²。最大的属两河口镇老龙洞，面积为70m², 流量为11m³/s, 跌水落差5m。

四、土壤

秭归县内土壤按成土条件、成土过程及其属性，划分为7个土类，14个亚类，46个土属，194个土种(有的土种又可分为2～3个变种)(图2-4)。黄壤为地带性土壤，广泛分布在海拔800m以下低山丘陵及河谷地带，面积占全县土地总面积的9.72%；黄棕壤分布于县境内海拔800～1800m地区，面积占全县土地总面积的19.13%；棕壤县境内仅山地棕壤1个亚类，主要分布在云台荒等海拔1800m以上地区，面积占全县土地总面积的0.19%；石灰土是在石灰岩母质上发育的一种土壤，面积占全县土地总面积的24.35%；紫色土主要分布于海拔100m以下的低山地区，面积占全县土地总面积的12.14%；潮土分布在长江两岸和各主要溪河之滨，全县只有灰潮土1个亚类，面积占全县土地总面积的0.16%；水稻土主要分布于海拔1000m以下的低山、半高山地区，面积占全县土地总面积的2.18%。

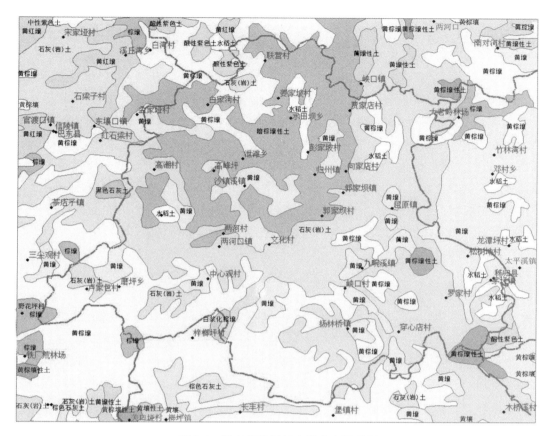

图 2-4 秭归基地区域土壤分布示意图

第二节 自然资源

一、土地资源

秭归县海拔800m以上高山地区占土地总面积的30%，海拔500～800m半高山地区占土地总面积的54.9%，海拔500m以下低山地区占土地总面积的15.1%。截至2018年底，全县土地总面积22.74万hm^2（$1hm^2=10\ 000m^2$）。其中，耕地3万多公顷，占土地总面积的13.21%；园地2.39万hm^2，占土地总面积的10.51%；林地14.84万hm^2，占土地总面积的65.26%；草地596hm^2，占土地总面积的0.26%；城镇村及工矿用地7852hm^2，占土地总面积的3.45%；交通运输用地2385hm^2，占土地总面积的1.05%；水域及水利设施用地1.11万hm^2，占土地总面积的4.88%；其他土地3131hm^2，占土地总面积的1.38%。

二、动物资源

秭归县境内共有陆生野生动物资源4纲19目52科126种，其中：国家一级重点保护动物有林麝、金雕等，国家二级重点保护动物有猕猴、鬣羚、斑羚、鸳鸯、苍鹰、雀鹰、红腹锦鸡、勺鸡、红隼、鹰鸮等。

秭归县境内的野生动物资源有：兽纲，野兽有猕猴、黄腹鼬、猪獾、狗獾、花面狸、豹猫、鬣羚、斑羚、野猪、豪猪、小麂、林麝、草兔、红白鼯鼠、拟家鼠、普通田鼠、赤腹松鼠等17种约5万只（头）；鸟纲，飞禽有中白鹭、池鹭、赤麻鸭、鸳鸯、雀鹰、苍鹰、红隼、灰背隼、普通竹鸡、红腹角雉、红腹锦鸡、勺鸡、珠颈斑鸠、山斑鸠、小杜鹃、啄木鸟、燕子、八哥、喜鹊、乌鸦、麻雀等95种约357万只；爬行纲，爬行动物有鳖、草绿龙蜥、多疣壁虎、黄链蛇、黑眉锦蛇、翠青蛇、乌梢蛇、黑脊蛇、尖吻蛇、竹叶青等10种约733万只（条）；鱼纲，长江干流新滩以下至茅坪江段主要鱼类有青鱼、草鱼、鲤鱼、鲫鱼、鳊鱼、鳡鱼、鳜鱼、鲍鱼、大口鲶、长吻鮠、长颌鲚、鲚鱼等品种，新滩以上至牛口江段主要有鮈鱼、鲇鱼、鲌鱼、青波鱼、白甲鱼、鲥鱼、黄颡、鲈鱼、长吻鮠、中华倒刺鲃、中华鲟、白鲟等稀有鱼类，具有较高的经济价值，中华鲟、白鲟两个品种为国家一级保护鱼类，稀有鱼类共100多个品种；两栖纲，两栖动物有中华大蟾蜍、虎纹蛙、中国林蛙、湖北金线蛙等4种约1180万只。

三、植物资源

秭归县有维管植物205科1120属4650种，其中蕨类植物395种、裸子植物80种、被子植物4175种，物种数量占全国种子植物的1/7。国家一级保护植物有珙桐、红豆杉、水杉、银杏等，国家二级保护植物有鹅掌楸、巴山榧树、润楠、红豆树、宜昌橙、喜树、香樟、香果树、厚朴、长果安息香、伞花木等。长果安息香是全国120种极小种群野生植物之一，2002年首次在秭归县泗溪发现，目前全国仅湖南石门、桑植及湖北泗溪有分布。

秭归县生长古树有29科47属55种476株，其中：树龄500年以上的有70株，300～499年的有90株，100～299年的有316株。

四、矿产资源

秭归县矿产资源较丰富，全县共发现有矿产地及矿点71处，已知矿种以沉积型矿产为主，有煤炭、岩金（伴生银）、赤铁矿、硫铁矿、铜、锰、铅、锌、重晶石、磷、石膏、硅石、建筑石料用灰岩、水泥用灰岩、饰面灰岩、方解石、花岗岩、水泥配料用砂岩、水泥配料用页岩、砖瓦用页岩、建筑用砂、高岭土、地热、油气等。已做过地质勘查工作，查明一定资源储量的矿种有煤炭、金（伴生银）、赤铁矿、铜、水泥用灰岩、水泥配料用页岩、砂岩、建筑石料用灰岩、花岗岩、饰面用灰岩、石膏、硅石、方解石、重晶石、砖瓦用页岩、建筑用砂等，其中煤炭、水泥用灰岩、岩金、赤铁矿、硅石、页岩、高岭土资源量较丰富，在宜昌市区域内占据重要地位。经50多年地质普查与勘探，探明了一定的工业储量和远景储量，不少的矿种已开采利用，对地方经济建设起到了重要作用。秭归县是全国重点产煤县之一，是湖北省黄金主要产区之一。

五、水资源

2018年，秭归县境内地表水资源量为11.19亿m^3，地下水资源量为5.15亿m^3。县内供水均为地表水，总供水量为0.63亿m^3，其中工业用水0.16亿m^3，农业用水0.22亿m^3，生活用水 0.25 亿 m³。县内共有水库 20 座,总库容 8460 万 m³,堰塘 1763 个,蓄水总量 828 万 m³,全县有效灌溉面积 22.25 万亩(1 亩＝666.67m²)。

第三节　社会经济

一、社会状况

1. 行政区划

截至 2019 年,秭归县下辖 8 镇 4 乡、174 个行政村、8 个社区。其中 12 个乡镇为茅坪镇、屈原镇、归州镇、水田坝乡、泄滩乡、沙镇溪镇、两河口镇、梅家河乡、磨坪乡、郭家坝镇、杨林桥镇、九畹溪镇。

2. 人口

截至 2019 年底,全县共有户籍户数 144 000 户,户籍总人口 368 632 人,其中:城镇人口 89 297 人,农村人口 279 335 人,60 岁以上人口 89 054 人,占总人口的比重为 24.16%(公安口径)。全县年末常住人口 35.4 万人。全县人口出生率 7.49‰,人口死亡率 8.27‰,人口自然增长率－0.78‰。全县出生人口性别比 104.23∶100(卫生计生口径)。

3. 社会事业

1) 教育事业

2019 年,全县共有幼儿园 27 所,在园儿童 5789 人;普通小学 37 所,在校学生 13 421 人,专任教师 927 人;普通中学 17 所,在校学生 9713 人,专任教师 1039 人;职业教育学校 1 所,在校学生 2319 人,专任教师 192 人;特殊学校 1 所,在校学生 93 人,专任教师 27 人。全县学龄儿童入学率 100%,初中毕业升学率 99.3%,九年义务教育完成率 100%。2019 年参加高考人数 1775 人,上一批线 335 人,上二批线 795 人,本科上线合计 1130 人,上线率 63.7%。

2) 科技事业

2019 年,全县 39 家高新技术企业实现增加值 22.01 亿元,增长 10.3%,高新技术产业增加值占 GDP 的比重为 13.38%,比上年提高 5.78 个百分点。全年专利申请量 260 件,其中发明专利申请量 66 件,专利授权量 387 件,其中发明专利授权量 46 件,有效发明专利总量达 85 件,每万人发明专利拥有量达到 2.35 件。全县申报省级星创天地 1 家,完成科技成果转化 6 项。全县规模以上工业企业 R&D 经费 2.5 亿元,占 GDP 的比重为 1.52%。

3) 文化事业

2019 年,全县共有文化机构 3 个,艺术表演团体 41 个,电影院 2 个,公共图书馆 1 个(藏书 20.1 万册),博物馆 1 个。全年创作文艺作品 61 件,开展送戏下乡 189 场次,举办"二月二龙抬头"、九畹溪民俗文化节、第二届高潮李子花节等活动 19 场次。推动陈家坡村、马营村、联营村等地连片红色旅游开发;建设"三峡大坝旅游区秭归换乘中心";建成秭归长江大桥并通车;建成南门口小吃街等4条特色美食街区。入选"2018、2019中国县域旅游竞争力百强县市"。《忠孝节义》获湖北省皮影戏展演团队表演三等奖,《山的这一边》获第八届全省特教学校学生艺术会演智残人综合类一等奖,《青山绿水橘正红》获第五届湖北省舞蹈"金凤奖"民族民间舞奖,《敲起琴鼓劲逮逮》获宜昌市第七届"屈原文艺创作奖"。谭斌同志荣获"中国好人"、第九届全国"人民满意的公务员"称号。

4) 邮电事业

2019年,全县邮电业务总量2.45亿元,比上年下降1.6%,其中,邮政业务收入0.45亿元,同比增长9.76%,电信业务收入2亿元,同比下降3.84%;全年征订报纸累计370万份,征订杂志累计10.2万份,集邮26.01万枚。

2019年末,全县共有固定电话用户1.21万户,比上年减少1.34万户;移动电话用户28.18万户,比上年减少2.14万户;互联网宽带接入用户10.24万户,比上年新增1.27万户。

5) 体育事业

2019年,全年组织开展了龙舟竞渡、老年人体育协会春季运动会、三峡竹海山径挑战嘉年华等多项群众体育活动;承办湘鄂"易春安杯"羽毛球联赛、宜昌市四县羽毛球联谊赛、全省青少年女子足球比赛,举办自然水域国际极限漂流F1大奖赛、2019中国三峡超级越野赛等多场赛事;在全省小康县市运动会中,6个比赛项目取得五金一铜的佳绩。

6) 医疗卫生

全县共有卫生机构312个,其中:县级医院4个,乡镇医院11个。卫生技术人员1975人,其中:职业医师963人,注册护士1012人。病床床位2183张,每千人口执业医师数2.7人。

7) 居民生活

2019年,全体居民人均可支配收入17787元,同比增长9.71%;城镇常住居民人均可支配收入30517元,增长9.4%;农村常住居民人均可支配收入11596元,增长10.1%。全体居民人均生活消费支出14269元,增长8.39%;农村居民人均生活消费性支出10688元,增长7.99%,农村居民家庭恩格尔系数为39.6%;城镇居民人均消费性支出21633元,增长8.8%,城镇居民家庭恩格尔系数为30.3%。

8) 社会保障

2019年,年末社会福利收养性单位13个,社会福利收养性单位床位数1111张。居民最低生活保障已保人数17011人,其中城镇居民1429人。全年社会保险参保率95.2%,全县参加城镇基本养老保险人数达到82804人,参加城乡居民养老保险人数173426人,参加城镇基本医疗保险人数34011人,参加农村合作医疗人数297520人,参加失业保险人数24208人,参加工伤保险人数26537人,参加生育保险人数20895人。

二、经济状况

2018年,秭归县实现生产总值136.02亿元,按可比价格计算,同比增长7.8%。其中,第一产业实现增加值26.25亿元,增长3.4%;第二产业实现增加值52.92亿元,增长9.2%;第三产业实现增加值56.84亿元,增长8.5%。三次产业比为19.3∶38.9∶41.8。三次产业对经济增长的贡献率分别为 8.36%、46.59%、45.04%,分别拉动经济增长 0.7 个百分点、3.6 个百分点和 3.5 个百分点。按常住人口计算,人均地区生产总值达 37 579 元,比上年增加 3941 元。

2019 年,全县实现生产总值 164.49 亿元,按可比价格计算,同比增长 7.3%。其中,第一产业实现增加值 28.5 亿元,增长 3.4%;第二产业实现增加值 59.98 亿元,增长 11%;第三产业实现增加值 76.01 亿元,增长 5.8%。根据第四次经济普查结果对 2018 年地区生产总值、三次产业及相关行业增加值等相关指标的历史数据进行了修订,修订后,2018 年三次产业结构由 19.3∶38.9∶41.8 调整为 17.7∶36.1∶46.2,据此核算 2019 年三次产业结构为 17.3∶36.5∶46.2。三次产业对经济增长的贡献率分别是 8.86%、55.94%、35.2%,分别拉动经济增长 0.6 个百分点、4.1 个百分点和 2.6 个百分点。按常住人口计算,人均地区生产总值达 45 992 元,比上年增加 8413 元。

第四节 交通运输

截至 2020 年,秭归全县公路总里程 3 232.694km、路网密度 133.20km/km^2,其中一级公路 7.626km、二级公路 306.887km、三级公路 25.446km、四级公路 2 802.442km、等外公路 90.293km。全县客运站 12 个,班线客车 88 台;出租车公司 2 家,车辆 88 台;通村客运车辆 284 台;宜昌至秭归城际公交、县城公交均已开通。行政村通公路比重达 100%,通村客运比重达 100%。

秭归交通便捷,路网密布。境内有高速公路 1 条(S68 翻坝高速),国道 1 条(G348 武大线),省道 5 条(S255 兴五线、S363 太泄线、S457 高水线、S458 两磨线、S481 两梅线)。全县现有不同结构的大小桥梁 288 座,堪称"桥梁博物馆"。秭归县第一座跨长江大桥——秭归长江大桥,是目前世界最大跨度的钢箱桁架推力拱桥,于 2019 年"十一"通车。拟建神(农架)五(峰)高速公路将过境秭归并设置互通。秭归港连接宜昌的疏港铁路已经开工建设。

秭归物流畅通,水上运输优势独特。全县港口企业 16 家,水路运输企业 13 家。三峡翻坝物流产业园"水公水"翻坝转运模式全面启动,秭归交通枢纽节点优势凸显。全县物流企业 55 家,村级服务站 99 家,行政村物流配送辐射率达 90%。2019 年,公路、水运完成货物周转量 14.93 亿 t·km,旅客周转量 5.9 亿人·km。

第五节 基地概况

中国地质大学(武汉)三峡秭归产学研基地坐落于秭归县城西北缘,距三峡大坝水平距离约 2km,是中国地质大学(武汉)继周口店、北戴河野外实习基地之后兴建的又一多功能大型实践教学基地,主要进行基地地质、地球化学、环境地质、工程地质、测量、土地管理等多学科的野外教学实习和科研工作。

一、基地建设历史

2003年11月,校长张锦高率领以殷坤龙教授牵头的三峡库区地质灾害考察小组赴重庆、万州、巫山、秭归等地进行考察,在国土资源部三峡库区地质灾害工作指挥部、宜昌地质矿产研究所(现武汉地质调查中心)的支持下,选择秭归作为野外实习基地进行论证,结合国家三峡库区重大地质灾害防治规划,最终选定了现在的场址——秭归新城区,背靠移民新城,面临蓝色水库,眺望三峡大坝。

2004年初,校务会讨论通过了在秭归县建立野外实践教学基地议案。随着此项议案的通过,中国地质大学(武汉)地球科学学院、工程学院和环境学院等相继组建了以专家学者为骨干的秭归教学路线建设队伍,并完成了基础地质、工程地质和环境地质等不同学科教学路线与教学内容的工作。

2005年初,在当地政府的大力配合下,基地开工建设。2005年底,一期工程竣工,总投资3344万元,建成综合楼、学生宿舍楼1.7万 m^2,揭开了秭归产学研基地的精彩华章。

2006年6月,中国地质大学(武汉)广大师生正式进驻秭归基地进行野外实践教学活动。

2007年8月,中国地质大学(武汉)土地资源管理专业入驻秭归基地开展教学实习。

2012年,学校加大投入力度,对基地进行了二期建设,完成了教育部长江三峡库区地质灾害研究中心科研平台的建设项目。

2014年,地球科学学院组建了一支由不同学科专家组成的教学团队,对秭归实习区的地层、岩体、构造等地质现象展开了新一轮的教学资源建设工作,开发了一批新的地质教学路线和点,极大地丰富了教学内容。

二、基地建设规模

截至目前,基地占地面积90.84亩,包括综合楼一栋、实验楼一栋、试验场一块、专家公寓一栋、学生公寓两栋、食堂一栋、澡堂一栋、运动场一块,可同时为1200余人提供集食、住、行为一体的综合后勤服务。无论占地面积、建设规模,还是教学与科研仪器及设备方面,均列我国高等院校野外实践教学基地前茅(图2-5~图2-7)。

图2-5 秭归实习基地全貌

图 2-6　基地综合楼(左)与三楼观景平台(右)

图 2-7　基地岩石园一角

三、基地教学实习资源简介

秭归的教学实习资源具有内容丰富、类型齐全、综合性强、现象典型直观等特点,是一个不可多得的集基础地质、工程地质、环境地质、旅游、人文艺术等为一体的综合性野外实习场所。

秭归特殊的地质环境造就了它丰富的地质资源。秭归境内三大岩类齐全,闻名于世的"三峡震旦系国际层型剖面"就位于该县区域。

自基地向西沿长江而上,可连续观察到基底岩系的崆岭群小渔村组,盖层中的震旦系、寒武系至侏罗系等地层,地层剖面连续、露头好、接触关系清楚。链子崖危岩体、新滩滑坡以及三峡水利枢纽工程的边坡、坝基、硐室等工程地质现象及典型地质灾害类型,是工程地质类专业学生野外实践教学难得的教学内容。

该区也蕴藏了丰富的水文地质、环境地质、土地资源、土壤资源、旅游资源、人文艺术实习的教学内容。

四、基地后勤保障

在学校后勤处等有关职能部门的指导下，经过基地全体员工的共同努力，如今的基地绿树浓荫，窗明几净，秩序井然，地上不见一片纸屑、一个烟头，师生实习再晚回来，食堂都有热饭热菜；阴雨天，食堂早早为师生准备好姜汤；学生落在基地的贵重财物，公寓服务员都会主动上交，并用快递寄给学生本人。基地多次被授予校后勤"文明班组""文明服务窗口"等称号。无论来自美国的教授还是德国的学子，无论是来此实习还是学术交流，都给予基地极高的赞誉。前来开展教学实习的武汉工程科技学院地质工程与科学系实习师生称赞基地"实习基地楷模，管理服务一流"，香港大学地质系实习师生称基地为"地学摇篮，学子之家"，同济大学土木工程学院师生称赞"基地声名远播，服务品质一流"，武警黄金部队首长号召要向秭归基地学习。

秭归基地凭借完善的后勤服务、独特的教学科研体系、齐全的硬件设施吸引着越来越多科研院所、院校的到来。除中国地质大学(武汉)每年有师生1800余人次在基地进行多学科的野外教学实习和科研工作外，中山大学、武汉大学、同济大学、武警黄金部队、台湾大学、香港大学等20余所院校或研究机构也借助基地开展各项教学或科研活动，每年达2000余人次。

迄今为止，秭归基地接待的实习师生、科研人员、会议团队已逾万人，教学实习涉及的专业包括地质学、资源勘查、土地资源管理、石油工程、工程地质、工程勘查、环境工程、水文地质、水利水电、物探、信息工程、行政管理、法学、环境艺术设计等，部分高校已与基地建立了长期的合作关系。秭归基地已成为立足中国地质大学(武汉)各专业实践教学需要，面向全国、服务社会，集实践教学、技能培训和科学研究于一体的重要场所。

第三章 实习区区域地质背景

第一节 地质调查研究简史

实习区地质矿产调查历史悠久。现以时间先后为序分阶段简述如下：

(1) 1863—1914 年间，先后有美国庞德勒(Pumpelly)、威理士(Willis)，德国人李希霍芬(Richthofen)、勃来克维德(Blackwelder)、阿本特那(Abendanon)和日本人石井八万次郎、杉本及野田等做过地质调查，但工作甚粗，其成果仅供参考。

(2) 1924—1949 年，我国著名地质学家李四光教授对该区做过较详细的地质调查，著有《峡东地质及三峡历史》论文，较详尽论述了地层、构造及第四纪冰川，对峡东地层做了系统划分。嗣后，谢家荣、赵亚曾、王钰、孙云铸、斯行健、尹赞勋、许杰、岳希新等地质学家也陆续对测区进行了调查，提出了地层划分意见，为峡东地层的进一步研究奠定了基础。

(3) 中华人民共和国成立后，区内地质矿产调查工作的广度和深度随着经济建设的需要而逐步发展与扩大，先后有数十个单位或部门进入测区，进行比较深入的地质调查、矿产普查或勘探工作。

(4) 1950—1960 年，除杨敬之、穆恩之等对鄂西地层做了进一步划分和研究外，湖北省地质局、武汉钢铁公司鄂西普查组、地质部三峡地质队、水文地质工程地质研究所及中国科学院地质研究所等单位在区内开展了工作，对黄陵背斜岩浆岩、变质岩均做过较详细的研究，使测区地质调查工作有了新的进展。冶金部地质局川鄂分局、四川省万县专署地质局也在此期间重点对实习区泥盆纪铁矿进行了矿产普查。北京地质学院与湖北省地质局协作，开展了1∶20 万巴东幅区域地质测量，为后来的地质工作提供了不尽完善的基础地质资料。

(5) 1961—1973 年，江汉石油管理局、江汉石油地质学校、南方石油勘探研究所、湖北省115 煤田勘探队、湖北省水文地质队等单位，根据工作性质和目的，先后开展了有关专业地质调查。湖北省地矿局第二地质队、第七地质队分别对鄂西的铁、煤、汞、金、铬铁矿、黄铁矿等做了不同程度的普查勘探工作，积累了丰富的资料。

(6) 1973—1975 年，湖北省地矿局第七地质队、湖北省物探队在黄陵背斜开展了1∶50 万区域地质矿产普查，进行了系统的重砂和水系沉积物测址，取得了较好的成果。

(7) 1976 年以来，湖北省地矿局三峡地层专题组对峡东震旦纪至二叠纪地层做了详细的研究，资料齐全，研究程度较高。此外，宜昌地质矿产研究所对三峡地层进行了深入研究，为国际寒武系与前寒武系界线层型剖面预选点提供了丰富的资料。

近年来,特别是三峡工程开工建设以来,长江水利委员会、中国地质大学(武汉)、南京古生物研究所、湖北省煤炭局、江汉石油管理局均在区内进行了许多专题研究工作,其成果具有重要的参考价值,更是加深了区内的地质研究工作。

上述研究工作为我们的教学实习提供了丰富的地质资料,为教学实习基地的建立奠定了较好的基础。

第二节 基础地质

一、地层

实习区内地层发育齐全,除缺失第三系外,自元古宇至第四系都有出露。前震旦系分布于太平溪至茅坪一带,震旦系和古生界沿黄陵背斜翼部和神农架穹隆南缘展布,三叠系广布于测区西部,侏罗系发育于秭归盆地中,白垩系石门组零星分布于秭归仙女山及长阳天阳坪一带,第四系主要分布在长江及其支流的河谷地带。地层层序及其主要岩性等见表3-1。现由老到新依次介绍如下。

表3-1 地层简表

界	系	统	组	地层代号	厚度/m	岩性特征
新生界	第四系	全新统		Qh	0~11	上部为粉质黏土,下部为砾石层
		更新统		Qp	10~30	黏土夹砾石,底部为新滩砾岩
中生界	白垩系	下统	石门组	K_1s	1400	紫红色砾岩夹少量含砾砂岩,含砾粗砂岩、灰绿色含砾细砂岩、粉砂岩
	侏罗系	中统	聂家山组	J_2n	1066	紫红色粉砂岩、黏土岩夹少量薄层灰绿色细砂岩,灰绿色石英砂岩、粉砂岩,紫红色泥岩,含砾砂岩
		下统	桐竹园组	J_1t	379.7	灰绿色泥砾状长石石英岩砂岩,中厚层黏土质粉砂岩,碳质页岩及煤层,底部为砾岩或含砾石英砂岩
	三叠系	上统	沙镇溪组	T_3s	122.3	灰黄色薄—中厚层石英砂岩,含黏土粉砂岩,碳质页岩及煤层
		中统	巴东组	T_2b	745	灰绿色薄层泥灰岩、浅灰色薄层灰泥岩,紫红色厚层粉砂质泥岩夹钙质粉砂岩、细粒长石石英砂岩、含铜粉砂岩
		下统	嘉陵江组	T_1j	768	上段:灰色角砾状含黏土质白云岩,溶崩角砾岩;中段:灰色中厚微晶灰岩,薄—微薄层灰岩,角砾状灰岩及白云质灰岩、白云岩;下段:含黏土质生物屑灰岩、白云质粒灰泥岩;底部:薄层细晶白云岩
			大冶组	T_1d	860.8	顶部:夹鲕状灰岩;上段:浅灰色薄层灰泥岩、薄层泥灰岩互层;下段:浅灰色薄层灰泥岩夹黄绿色页岩

续表 3-1

界	系	统	组	地层代号	厚度/m	岩性特征
上古生界	二叠系	上统	吴家坪组	P_2w	80～278	灰色中—厚层含燧石结核生物屑灰岩,顶部夹含生物屑硅质岩,下部碳质页岩夹煤层
		下统	阳新组	P_1y	245	深灰色中厚层含燧石结核生物屑灰岩,中上部夹薄层硅质岩,底部黑色含沥青质灰岩
			马鞍组	P_1m	0～8	灰白色石英质砂岩,黑色页岩夹煤层
	石炭系	中统	黄龙组	C_2hl	30～67	浅灰色中厚层细晶白云岩,白云质灰岩及生物屑灰岩夹石英细砂岩
			和州组	C_2h	21.9	灰黑色粉砂岩、细粒石英砂岩夹深灰色含生物颗粒灰泥岩
	泥盆系	上统	写经寺组	D_3x	25～34	浅灰色中厚层石英砂岩,灰黄色泥岩,中厚层生物屑灰泥岩,顶部常夹鲕状赤铁矿层
		中统	云台观组	D_2y	34～81	灰白色厚层石英砂岩,黄绿色页岩夹鲕状赤铁矿
下古生界	志留系	中统	纱帽组	S_2s	91～181.7	灰绿色中厚层石英细砂岩,粉砂岩及粉砂质泥岩,夹结晶灰岩透镜体
		下统	罗惹坪组	S_1lr	660	灰绿色中厚层粉砂岩,灰绿色粉砂质页岩,浅灰色薄层石英细砂岩,灰绿色黏土质粉砂岩、页岩
			龙马溪组	S_1l	1342	灰绿色粉砂质页岩夹黏土质粉砂岩
	奥陶系	上统	五峰组	O_3w	7	黑色碳质页岩,含碳黏土质硅质岩
		中统	宝塔组	O_2b	19	紫红色中厚层灰泥岩、黄绿色中厚层瘤状灰泥岩夹页岩
		下统	牯牛潭组	O_1g	41～63	深灰色页岩、紫红色瘤状生物屑灰泥岩夹薄层灰泥岩
			红花园组	O_1h	17～28	深灰色厚层灰岩、粗晶生物碎屑灰岩
			桐梓组	O_1t	94～186	灰色厚层状生物碎屑灰岩夹灰绿色页岩、白云岩,底部为竹叶状灰岩
	寒武系	上统	三游洞组	ϵ_3s	582.3	灰色厚层白云岩夹硅质白云岩,含燧石结核白云岩
		中统	覃家庙组	ϵ_2q	132～211	灰色中厚层白云岩,含燧石条带
		下统	石龙洞组	ϵ_1sl	60～106	灰色中厚层微晶白云岩
			天河板组	ϵ_1t	88	灰色薄层条带状泥灰岩、白云质灰泥岩,夹豆状灰岩及粉砂质页岩
			石牌组	ϵ_1shp	205～291	深灰色薄层灰岩夹鲕状灰泥岩及条带状灰泥岩、页岩
			水井沱组	ϵ_1sh	88～114	黑色薄层含碳质结晶灰岩与薄层碳质页岩互层,底部为黑色锅底状灰岩

续表 3-1

界	系	统	组	地层代号	厚度(m)	岩性特征
新元古界	震旦系	上统	灯影组	Z_2dn	61～245	灰白色厚层白云岩夹灰黑色薄层条带状结晶灰岩
			陡山沱组	Z_2d	300	灰黑色薄—中厚层白云岩夹页岩,顶部为黑色薄层硅质岩
		下统	南沱组	Z_1n	120	灰绿色含砾冰碛泥岩,底部为灰绿色冰碛砾岩
			莲沱组	Z_1l	247	灰绿色、紫红色中厚层长石石英砂岩,粉砂质泥岩,底部为褐黄色黏土质泥岩
中元古界	崆岭群		庙湾组	$Ptmw$	864	灰绿色巨厚层斜长角闪岩
			小渔村组	Ptx	600	灰色黑云斜长片麻岩夹斜长角闪及角闪黑云斜长片麻岩
			古村坪组	$Ptgc$	>1 533.3	角闪斜长角砾状混合岩夹黑云角闪片岩

1. 崆岭群

崆岭群出露于黄陵背斜核部。出露总厚大于 5416m。岩性主要为一套片岩、片麻岩及混合岩。

1)古村坪组($Ptgc$)

古村坪组仅分布在黄陵背斜南部。厚度大于 1 553.3m。上部为云母片岩与云母石英片岩互层夹角闪片岩;下部为细粒黑云角闪斜长片麻岩、斜长角闪片麻岩、花岗片麻岩夹云母片岩、角闪斜长角砾状混合岩夹黑云角闪片岩。黄陵背斜北部为黑云角闪斜长条带状云母片岩。

2)小渔村组(Ptx)

小渔村组在黄陵背斜南部与北部都有较大面积出露,但南部发育较好。其上部为角闪片岩、石英角闪片岩与二云母片岩互层;下部为大理岩、石英岩与二云斜长片麻岩互层;黄陵背斜北部为黑云二长片麻岩、角闪二长片麻岩、黑云斜长片麻岩、黑云角闪斜长片麻岩夹混合岩化黑云角闪斜长片麻岩,下部夹石英岩、大理岩、石墨片岩。

3)庙湾组($Ptmw$)

庙湾组仅出露于黄陵背斜南部。岩性以黑云角闪片岩、石英角闪片岩为主,次为二云片岩、黑云二长变粒岩、白云石英片岩,近上部夹大理岩、石墨片岩、石墨绿泥片岩、薄层石英岩。

2. 震旦系

震旦系分布于秭归庙河、毛人洞,厚度为 100～784m。震旦系划分为下统莲沱组、南沱层,上统陡山沱组、灯影组。与下伏崆岭群呈角度不整合接触。

1)莲沱组(Z_1l)

该组在黄陵背斜西翼由南向北变薄尖灭。岩性为灰红色中厚层石英砂岩,长石石英砂岩夹细砂岩、砂质页岩,底部为砂砾岩或砾岩,砾石滚圆度好而分选差,砾径大小不一,直径2~0.2cm,砾石成分为石英岩。本组含微古植物。根据以上特征,推测为滨岸陆屑滩相。

2)南沱组(Z_1n)

该组仅分布在北部锯居湾—毛叶坪一带。在实习区内分布面积很小,厚度变化很大,总的趋势是由西向东逐渐尖灭。岩性为灰绿色中厚层冰碛泥岩、冰碛砾岩,由下向上砾石逐渐减少而泥质增多,砾石大小不等,分选差,次棱角—次浑圆状,可见冰川擦痕、压槽、压坑等,显然为陆地冰川堆积。

3)陡山沱组(Z_2d)

黄陵背斜西翼秭归庙河为灰黑色灰质页岩、硅质页岩与深灰色中厚层白云质灰岩、白云岩、泥质灰岩、灰岩互层,顶部为燧石层,底部为薄层硅质微晶灰岩,上部尚含黑色磷质结核。秭归庙河厚175.66m。含微古植物,属开阔海台地相沉积。

4)灯影组(Z_2dn)

黄陵背斜西翼秭归庙河为黑灰色薄板状灰质白云岩夹灰白色白云岩、角砾状白云岩。向北至秭归芝麻坪下部为深灰—黑灰色含磷灰岩夹灰黑色含磷碳质页岩、含硅碳质页岩,上部为浅灰—灰色白云岩夹鲕粒白云岩、角砾状白云岩等。本组以白云岩为主,富含微古植物、藻类、黄铁矿及碳质。属台地相沉积。秭归庙河厚245.04m。

3. 寒武系

寒武系分布于秭归牛肝马肺峡,总厚达683~1293m。寒武系划分为下统水井沱组、石牌组、天河板组、石龙洞组,中统覃家庙组,上统三游洞组。寒武系与下伏震旦系呈平行不整合接触。

1)水井沱组($\in_1 sh$)

该组下部岩性为黑色碳质页岩夹碳质灰岩,上部为黑色薄板状灰岩夹碳质钙质页岩。东部秭归庙河厚114.26m。本组以碳质页岩沉积为主,含三叶虫等生物,见黄铁矿条带和水平层理,显然属静水还原环境沉积,为陆棚边缘盆地相。

2)石牌组($\in_1 shp$)

该组底部岩性为灰色细砂岩,下部为薄层泥质条带白云质灰岩,上部为灰绿色薄层粉砂岩、粉砂质页岩夹薄层灰岩或鲕状灰岩和豆状灰岩,东部秭归庙河厚290.77m。本组富含三叶虫及少量腕足类等。有时可见交错层理,偶见黄铁矿,属开阔海台地相沉积。

3)天河板组($\in_1 t$)

该组岩性为灰色薄层泥质条带微晶灰岩夹鲕粒亮晶灰岩、藻灰结核灰岩、薄层粉砂岩、白云质灰岩、竹叶状灰岩。本组除北部未见粉砂岩夹层外,岩性、厚度尚较稳定。东部秭归庙河厚88.28m。

本组以夹多层鲕粒亮晶灰岩为特征,富含古杯、三叶虫等,具泥质条带状构造,属台地边缘滩坝相-开阔海台地相沉积。

4) 石龙洞组（$\epsilon_1 sl$）

石龙洞组岩性为灰色中厚层—块状白云岩夹角砾白云岩。东部秭归庙河厚 105.54m。本段岩性以白云岩为主，生物化石极为稀少，为局限海台地相沉积。

5) 覃家庙组（$\epsilon_2 q$）

覃家庙组岩性为灰—褐灰色薄层至中厚层含燧石结核或条带硅质白云质灰岩，局部夹泥质灰岩、白云岩及同生角砾白云岩。秭归庙河厚 131.72m。本组以白云岩为主，化石稀少，含少量燧石结核和硅质条带，为咸化潮坪潟湖相沉积。

6) 三游洞组（$\epsilon_3 s$）

三游洞组岩性为浅灰—深灰色厚层细晶白云岩夹硅质白云岩、硅质灰岩，局部含泥质条带及同生角砾。秭归庙河厚大于 420.49m。秭归庙河一带，以白云岩为主，仅含少量叠层石和牙形石，为局限海台地相；向北粒屑含量明显增高，可能为陆地边缘相区的滩坝相沉积。

4. 奥陶系

奥陶系分布在黄陵背斜西翼秭归新滩一带，总厚为 200～310m。奥陶系下统为桐梓组、红花园组、牯牛潭组，中统为宝塔组，上统为五峰组。奥陶系与下伏寒武系呈整合接触。

1) 桐梓组（$O_1 t$）

桐梓组底部岩性为灰—深灰色厚层生物屑灰岩夹黄绿色页岩，中部为白云岩或白云质灰岩。秭归新滩厚 66.4m，呈现向南增厚趋势，厚度稳定。本组以厚层灰岩、白云岩为主，富含三叶虫、腕足等，白云岩中发育交错层理，见星散状黄铁矿，应为开阔海台地相沉积。

2) 红花园组（$O_1 h$）

红花园组岩性为深灰色中—厚层灰岩夹粗晶生物碎屑灰岩，北秭归新滩厚 16.87m。红花园组主要为生物屑灰岩、瘤状灰岩，次为页岩。含泥质较高，具瘤状构造，有时见砂屑、鲕粒及泥质条纹。生物以三叶虫为主，化石丰富，应为开阔海台地相沉积。

3) 牯牛潭组（$O_1 g$）

牯牛潭组岩性主要为生物屑灰岩、瘤状灰岩，次为页岩。含泥质较高，具瘤状构造，有时见砂屑、鲕粒及泥质条纹。秭归新滩厚 18.37m，生物以三叶虫、腕足为主，化石丰富，应为开阔海台地相沉积。

4) 宝塔组（$O_2 b$）

宝塔组岩性为青灰色或紫红色中厚层龟裂纹灰岩，顶部为龟裂瘤状泥质灰岩，泥裂构造发育，富含角石、三叶虫等，为典型潮坪相，秭归新滩厚 19.26m。

5) 五峰组（$O_3 w$）

五峰组岩性为灰黑色碳质硅质岩夹碳质页岩，顶部为深灰色硅质灰岩，秭归新滩厚 6.75m，五峰组以碳质、硅质页岩沉积为主，富含浮游生物笔石，具水平层理，含星点状黄铁矿，属陆棚边缘盆地相。

5. 志留系

志留系分布在黄陵背斜西翼兴山界牌垭，秭归新滩、周坪一线，常组成大背斜翼部和次级背斜核部,总厚达972～1826m。志留系分为下统龙马溪组、罗惹坪组,中统纱帽组。志留系与下伏奥陶系呈平行不整合接触。

1) 龙马溪组(S_1l)

该组下部岩性为灰黑色含碳硅质黏土岩,含碳质页岩夹粉砂质页岩,上部为灰绿色页岩、粉砂质页岩夹中厚层粉砂岩、黏土质粉砂岩。秭归新滩厚609.70m。下部为黑色页岩,具水平微细层理,含硅质条带和黄铁矿晶体,属陆棚边缘盆地相。上部以黏土岩为主,水平层理及波痕发育,为浅海陆棚相沉积。

2) 罗惹坪组(S_1lr)

该组下段岩性为灰绿色薄层粉砂岩、黏土质粉砂岩夹细砂岩、粉砂质黏土岩,上部为灰色中厚层钙质砂岩夹微晶生物屑灰岩,顶部夹一层泥质灰岩。秭归新滩厚492.40m。上段为灰绿色页岩、粉砂质页岩夹薄层粉砂岩或黏土质粉砂岩,本段富含腕足、海百合、三叶虫,波痕构造发育,为浅海陆棚相沉积。

3) 纱帽组(S_2s)

该组岩性为灰绿色中厚层—薄层石英细砂岩、粉砂岩夹粉砂质页岩,上部夹黏土质结晶灰岩。秭归新滩厚91m,具虫管构造,波痕、泥裂构造发育,为沿岸滩坝相沉积。

6. 泥盆系

泥盆系主要分布在新滩,总厚0～131m。泥盆系普遍缺失下统,仅发育中、上统,由下而上划分为中统云台观组,上统写经寺组。泥盆系与下伏志留系呈平行不整合接触。

1) 云台观组(D_2y)

该组岩性以灰白色厚层石英砂岩、细粒石英砂岩为主,局部夹粉砂岩及粉砂质黏土岩。底部石英岩状砂岩常含有石英砾石。云台观组是在经长期风化、夷平,地形趋于平缓的基础上,随着华南泥盆纪自南向北的海侵范围扩大,形成的宽缓滨岸海滩地带。由于海浪作用,得以形成横向和纵向上单一的岩性,是典型的滨岸陆屑滩相沉积。

2) 写经寺组(D_3x)

该组岩性为灰白色中厚层石英砂岩,灰黄色泥岩,中厚层生物屑灰泥岩,顶部常夹鲕状赤铁矿层及黄铁矿结核。

7. 石炭系

该地层主要分布在香龙山及新滩—杨林一带,总厚0～92m。石炭系在实习区出露不全,仅发育中统和州组和黄龙组。石炭系与下伏泥盆系呈平行不整合接触。

1) 和州组(C_2h)

该组下部岩性为深灰色页岩及深灰色含生物屑微晶灰岩;上部为杂色、紫红色铁质胶结粉砂岩、细砂岩及页岩;顶部页岩中含针铁矿及赤铁矿结核。实习区在早石炭世中期属近岸沼泽相。

2) 黄龙组(C_2hl)

黄龙组底部常见硅化结晶白云岩及角砾状白云岩,下部为浅灰色中厚层白云岩、灰质白云岩；上部为浅灰色厚层白云质灰岩及含生物屑灰岩，秭归新滩上部灰岩中分别可见丰富的珊瑚。秭归新滩厚 33.02m，往北逐渐减薄。晚石炭世早期（黄龙期）测区遭受了比早石炭世更大规模的海侵，黄龙组下部是局限海台地相的产物。

8. 二叠系

实习区二叠系出露广泛，分布于北部两河口等地。实习区二叠系划分为下统马鞍组、阳新组，上统吴家坪组。总厚 330~885m，与下伏石炭系呈平行不整合接触。

1）马鞍组（P_1m）

马鞍组岩性可分为上、下两部分：下部以石英岩状砂岩为主，夹煤线及煤层；上部为石英砂岩、粉砂质页岩夹碳质页岩。厚度由南向北逐渐变薄。秭归新滩厚 6.44m。

早二叠世马鞍期，南部广大地区接受了以石英砂岩为主的沉积。砂岩分选良好，显示滨岸滩坝相沉积特征。其中含碳砂质页岩及煤层，具水平层理，为沼泽相-泥炭沼泽相沉积。

2）阳新组（P_1y）

该组下部岩性为黑色、黑灰色薄至中厚层含燧石结核疙瘩状灰岩，夹含碳钙质页岩；中部为黑—深灰色中厚层状含沥青质灰岩；上部为灰色、深灰色薄—中厚层含燧石结核灰岩，有时见瘤状构造；顶部普遍发育一层硅质岩。秭归新滩厚 138.09m。阳新期海侵范围进一步扩大，属开阔海台地相沉积。

3）吴家坪组（P_2w）

该组下部岩性为硬砂岩，碳质页岩夹煤层；上部为浅灰色块状厚层灰岩，含少量燧石结核；顶部以灰白色、灰色硅质灰岩为主，含燧石结核。灰岩段尚较稳定，下部含煤段因地而异，变化较大。秭归周坪一带含煤段发育完整，为黄铁矿层—硬砂岩—泥岩或黏土岩—煤层—含硅质结核泥岩沉积序列。秭归新滩厚 128.70m。晚二叠世早期，属开阔海台地相沉积。

9. 三叠系

三叠系分布于西部黄金坪、沿渡河，东部秭归盆地周缘，总厚 994~3273m。三叠系划分为下统大冶组、嘉陵江组，中统巴东组，上统沙镇溪组。其中嘉陵江组可进一步分为 3 个岩性段，巴东组分为 5 个岩性段。与下伏二叠系呈整合接触。

1）大冶组（T_1d）

本组岩性较为单一，主要为浅灰色、肉红色薄层微晶灰岩夹中厚层微晶灰岩和泥灰岩，本组岩性十分稳定。此岩性组在兵书宝剑峡厚 756.4m，由南往北，厚度呈现由厚变薄的趋势。本组可能为浅海陆棚相沉积。

2）嘉陵江组（T_1j）

下段：下部为浅灰色中厚层微晶白云岩及厚层溶崩角砾岩。底部为厚 1.8~5.99m 的含生物屑、砾屑亮晶鲕粒灰岩，中—上部为灰色、深灰色微薄—中厚层微晶灰岩，夹少量砾屑、砂屑灰岩及一层亮晶鲕粒灰岩。岩性各地差异不大。厚度显示由南向北变薄的趋势。

中段：下部为灰色细晶生物屑、砂屑灰岩夹微晶灰质白云岩，溶崩角砾岩；底部为一层含石膏假晶白云岩；中—上部为浅灰色、肉红色中厚层微晶灰岩，夹微晶粒屑灰岩和生物屑微晶灰岩；上部岩性较为稳定，各地变化甚微。总厚度具有由南往北逐渐减薄的趋势。

上段：下部为浅灰色中厚层含石膏假晶白云岩夹灰色溶崩角砾岩，中上部为灰—深灰色厚层微晶灰岩夹灰白色中厚层微晶白云岩。于沿渡河—边连坪岩一带，溶崩角砾岩极为发育，厚度可达 50m 以上。秭归向斜西翼，仅白云岩较为发育，溶崩角砾较薄。

下三叠统嘉陵江组主要为一套碳酸盐岩，为干燥气候条件下闭塞-半闭塞台地相沉积。

3) 巴东组（T_2b）

巴一段（T_2b^1）：岩性主要为灰色、紫红色微晶白云岩夹溶崩角砾岩及黑色膏泥透镜体，底部为含石膏假晶白云岩，顶部为黄绿色、蓝绿色页岩夹灰色薄层泥灰岩。本组于秭归文化—偏岩河—梅家河一带，溶崩角砾岩共见 5 层，总厚达百余米，厚度由南向北变薄。

巴二段（T_2b^2）：岩性主要为紫红色黏土质粉砂岩和紫红色含灰质粉砂质黏土岩不等厚互层，夹泥灰岩、细砂岩和灰绿色泥岩条带。各地所见岩性基本一致。兵书宝剑峡厚 24.6m，郭家坝厚 5～8m。

巴三段（T_2b^3）：岩性主要为浅灰色薄—中厚层含黏土质微晶灰岩与灰色中厚层微晶灰岩互层，夹泥灰岩；下部夹黄色薄—中厚层微晶白云岩及溶崩角砾岩；上部夹少量浅灰色薄—中厚层灰质细砂岩及灰质水云母黏土岩。

巴四段（T_2b^4）：中、下部为紫红色厚层黏土岩，含灰质粉砂质黏土岩夹蓝灰色中厚层含黏土质、粉砂质微晶灰岩；上部为紫红色厚层粉砂岩夹细砂岩。

巴五段（T_2b^5）：见于秭归盆地西部，岩性主要为浅灰—灰黄色厚层微晶白云岩夹泥质白云岩，顶部为浅灰色厚层含生物屑微晶灰岩。向南泥质成分增加，相变为泥质白云岩夹黄绿色页岩。

4) 沙镇溪组（T_3s）

该组岩性为灰黄色薄—中厚层石英砂岩、粉砂岩、黏土岩夹碳质页岩和煤层。本组以深灰色含煤细碎屑岩沉积为特征，含有菱铁矿结核，属滨岸沼泽相沉积。

10. 侏罗系

实习区侏罗系集中分布于秭归盆地，其范围横跨秭归、巴东、兴山三县，实习区侏罗系划分为下统桐竹园组，中统聂家山组。侏罗系与下伏三叠系呈平行不整合接触。

1) 桐竹园组（J_1t）

该组岩性为灰绿色中—薄层黏土质粉砂岩、粉砂质黏土岩夹细砂岩、碳质页岩及煤层，一般上部以泥岩、黏土岩为主，偶夹亮晶生物屑灰岩；下部以粉砂岩、砂岩为主，最底部为一层灰白色、黄绿色厚层中粒石英砂岩、含砾石或夹砾岩。

桐竹园组底部含砾石英砂岩在秭归盆地西南部，覆于沙镇溪组之上，二者分界明显，接触界面常见冲刷现象。

桐竹园组总厚 373.9～547m，西厚东薄。西南秭归郭家坝厚 506m，泄滩厚 379.66m。

桐竹园组下部为砂岩，分选性差，斜层理、楔形层理发育，并时夹大型岩块，应为典型河床相沉积；而煤层及黑色碳质页岩，含大量植物叶片化石，属于泥炭沼泽相沉积。上部以砂岩、泥质粉砂岩为主,具微细斜层理,除含植物叶片外,尚未见到保存完好的瓣鳃类化石,为湖相-湖沼沉积。

2) 聂家山组（J_2n）

该组按岩性大致分为3部分:下部为灰绿色薄—中厚层粉砂质黏土岩、粉砂岩、长石石英砂岩,夹少量紫红色泥岩、薄层粉砂岩;中部为紫红色薄—中厚层粉砂岩与灰绿色细粒长石石英砂岩不等厚互层,偶夹生物介壳亮晶灰岩;上部以紫红色中厚层粉砂岩、含砾黏土质粉砂岩为主,夹少量灰绿色薄层细砂岩、长石石英砂岩。

聂家山组底部以一层厚48.39m的紫红色薄—中厚层粉砂岩、石英砂岩与桐竹园组为界,局部见2.7~4.71m的砾岩。

聂家山组和下伏桐竹园组比较,以开始出现紫红色为特征,砂岩分选较好,水平层理较发育,局部见对称波痕,灰岩夹层中富含淡水瓣鳃类化石,属于干热气候条件下浅湖相沉积,上部有砂岩夹层,不甚稳定,斜层理发育,说明局部具有河流相沉积特征。

11. 白垩系

白垩系仅分布于实习区东南部周坪、红崖子、北岩套沟等地。出露面积约21km²,总厚大于380.2m。实习区仅出露下统。白垩系与下伏侏罗系呈角度不整合接触。

石门组（K_1s）顶部岩性为砖红色、灰白色石英砂岩,砾石主要为灰岩、白云岩,次为黑色燧石,呈次滚圆状,排列具一定方向,略具分选,大小一般为1~30cm,基底式胶结,胶结物主要为硅质,厚117.4m,上部为砖红色厚层砾岩。

中部为砖红色中厚层石英砂岩与中厚层泥质粉砂岩互层,另夹砖红色砂砾岩层,交错层发育,厚172.6m。下部为砖红色厚层砾岩,砾石成分以灰岩和石英砂岩为主,次为黑色燧石,砾石大小不一,大者砾径为4cm,小者砾径为0.5cm,磨圆度尚好,但排列无方向,基底式胶结,胶结物为硅质、灰质。厚80m。上述岩性以周坪一带发育较齐全。

12. 第四系

实习区第四系多沿长江及其支流河谷零星分布,主要见于秭归新滩、巴东平阳坝等地,往往组成河谷阶地。与下伏白垩系呈角度不整合接触。

本区位于地壳上升剥蚀区,河谷阶地极为发育,可分10级,多为侵蚀阶地,但保存不好,现将区内第四系分为更新统和全新统。

1) 更新统（Qp）

更新统在长江河谷阶地极为发育,一般见有Ⅷ~Ⅹ级阶地。茅坪-庙河段河谷为宽谷,发育Ⅰ~Ⅶ级阶地,其中Ⅰ级阶地为基座阶地,具二元结构,下部为砾石层,上部为黏质砂土层;Ⅱ~Ⅶ级阶地为侵蚀阶地,堆积物甚少。庙河至香溪为西陵峡西段,峡谷呈"V"字形,阶地不发育。香溪至官渡口河段呈宽谷,秭归一带发育Ⅰ~Ⅸ级阶地,堆积物甚少,一般见阶地后缘残留砾石层,零星分布河谷两岸。总厚大于15m。

在新滩龙马溪见有万宝山砾石层和龙马溪口砾石层,分别组成长江Ⅱ级阶地和Ⅲ级阶地。现描述如下:

万宝山砾石层。位于长江北岸龙马溪口万宝山顶,高出现代长江水面 150m,为基座阶地。砾石呈灰色,成分为奥陶系结晶灰岩、志留系页岩及红色砂岩,砾石大小混杂,砾径 0.4cm×0.5cm~20cm×30cm,磨圆度不好,泥砂质和钙质胶结。厚 15m。不整合于志留系之上。

龙马溪口砾石层。位于万宝山脚下龙马溪口的小山丘顶,高出现代长江水面 20~50m,为基座阶地。砾石层呈灰白色,成分为石英岩、花岗岩及志留系页岩,砾石大小混杂,大者长轴达 1m,具半滚圆状,钙质胶结,固结坚硬。厚度不详。

2) 全新统(Qh)

全新统沿长江及其支流分布,构成河床、河漫滩堆积,为卵石、砂、亚砂土和黏土。卵石成分复杂,胶结松散,厚 1~11m。时代为全新世。

此外,区内还见有重力堆积、洞穴堆积、坡积、残积等多种成因类型的全新世堆积,为碎石、岩块、亚砂土、亚黏土等的混杂物,厚度一般很小。

二、岩石

1. 沉积岩

震旦系—三叠系,为一套滨海-浅海相碳酸盐类岩石及碎屑岩:碳酸盐岩广布全区,以灰岩、白云岩为主,岩相岩性变化不大,总厚度约 3000m;碎屑岩以砂岩、页岩为主,呈条带状分布在香炉山等几个背斜四周,总厚度约 3200m。

侏罗系—白垩系为内陆湖相沉积,岩性为砂岩、泥岩和砾岩,前者主要分布在秭归盆地,后者主要分布在仙女山等地,总厚度约 8500m。

第四系松散岩类,零星分布于茅坪、平阳坝等长江及其支流两岸和山间洼地,更新统岩性为黏土夹砾石,全新统岩性为黏质砂土、砾石层,总厚度为 15~35m。

2. 岩浆岩

1) 侵入岩

侵入岩集中分布于实习区东部黄陵背斜核部,出露面积 362km^2。均系前震旦纪岩浆活动的产物,受北西向构造所控制,岩性复杂,从超基性—基性岩、中性岩至酸性岩都有出露。其中,中、酸性侵入岩呈岩基产出,规模较大,为实习区侵入岩的主体,其他基性、超基性岩等规模甚小,分布零星。根据侵入体相互的侵入顺序,侵入体和地层、构造之间的关系,同位素年龄,结合矿物岩石、地球化学特征,同时考虑岩体遭受区域变质的相对时间,将实习区侵入岩划为前晋宁期和晋宁期两个构造岩浆旋回(表 3-2)。

表3-2 侵入岩与地层的接触关系

构造岩浆旋回			代号	岩石类型	接触关系	岩体名称
期	阶段	年龄/亿年				
晋宁期	第二阶段	8～10	γ_2^{2-2}	中细粒斜长花岗岩、斑状黑云母花岗岩、黑云母钾长花岗岩	侵入崆岭群变质岩和基性、超基性岩及闪长岩中,被震旦系不整合覆盖	黄陵岩体、水竹园岩体、桃园岩体
晋宁期	第一阶段	19	$\delta\beta o_2^{2-1}$	英云闪长岩	侵入崆岭群变质岩和基性、超基性岩中,并被黄陵花岗岩侵入,同时被震旦系不整合覆盖	茅坪岩体、陈子溪岩体
晋宁期	第一阶段	19	δ_2^{2-1}	闪长岩		安场坪岩、竹林湾岩体
前晋宁期	晚期		$\Sigma\nu_2^{1-2}$	含长二辉橄榄岩-角闪辉石岩-角闪辉长岩,斜长二辉辉橄岩-橄榄苏长辉长岩-辉长岩	侵入崆岭群变质岩中,并被黄陵花岗岩和茅坪英云闪长岩侵入	野竹池岩体、袁家坪岩体
前晋宁期	晚期		Σ_2^{1-2}	纯橄岩-斜辉辉橄岩-单辉辉橄岩		红桂香岩体、汪家岭岩体、马滑沟岩体
前晋宁期	晚期		$\Sigma\nu_2^{1-2}$	纯橄岩-单辉杂岩		梅纸厂岩体
前晋宁期	早期		ν_2^{1-1}	变质辉长岩	侵入崆岭群变质岩中,被超基性岩侵入,同时也被黄陵花岗岩侵入	茅垭岩体、小溪口岩体

2)侵入岩的时代及相对次序的确定

实习区各类侵入岩均侵入中元古界崆岭群变质岩中,同时又为震旦纪地层不整合覆盖,其侵入时代应为前震旦纪、前晋宁期。根据宜昌白竹坪侵入崆岭群并切穿辉长辉绿岩的含铅石英脉,铅同位素年龄值为17亿年,以此为代表,基性、超基性岩的侵入时代下限为古元古代晚期或中元古代早期,时限大致为19亿年;晋宁期,实习区中、酸性侵入岩同位素年龄值大都在8.80亿～(8.19±0.54)亿年,除侵入崆岭群变质岩外,还侵入于基性、超基性岩中,其侵入时代应为新元古代早期或中元古代晚期。

变质辉长岩及斜长角闪岩:侵入崆岭群变质岩之中,其变质程度较深,片理化明显,为实习区最早的侵入岩。

基性、超基性岩:侵入变质辉长岩之中,其变质程度低,片理化不明显,侵入次序较变质辉长岩晚。

花岗岩:侵入区内所有岩体,是测区最晚的侵入岩。

3. 变质岩

实习区变质岩仅分布于黄陵背斜核部,出露零星,面积约 130 km^2。其中,以区域变质岩为主,属铁铝榴石角闪岩相,部分受到不同程度的混合岩化作用,局部形成了混合岩。此外,沿断裂或断裂带发育动力变质岩,同时,在侵入岩与围岩接触带,零星分布接触交代变质岩。

区域变质岩分为 8 个岩石类型。

(1)碱长片麻岩类:主要有黑云奥长片麻岩、含二云奥长片麻岩、石榴黑云二长片麻岩、黑云二长变粒岩、二长浅粒岩等。

(2)云母片岩类:岩石呈棕褐色,花岗鳞片变晶结构,片状构造。主要矿物为黑云母(60%)、石英(18%)、斜长石(5%)、普通角闪石(2%),普通角闪石纤维状,分布于黑云母间。

(3)斜长角闪岩及角闪片岩类:包括含滑石绿泥石片岩、黑云斜长角闪岩、细粒斜长角闪岩、含磁铁石榴石透闪石角闪片岩、含黑云角闪斜长片麻岩等。

(4)云英片岩类:以黑云石英片岩为主。岩石呈灰色,鳞片花岗变晶结构,片状构造,矿物成分为石英(69%)、黑云母(20%)、奥长石(10%)、石榴石(0.5%)等。

(5)大理岩及白云石大理岩类:包括含方解石白云石大理岩、蛇纹石白云石大理岩、蛇纹石化橄榄石大理岩等。

(6)石英岩类:石英岩常与大理岩、石墨片岩相伴生,且往往呈夹层出现,岩石质纯,呈灰白色,不等粒花岗变晶结构,定向构造。矿物主要为石英(94%~98%),其他矿物为少量白(绢)云母、斜长石、透辉石和微量磷灰石、磁铁矿等。

(7)石墨质岩类:常与大理岩、石英岩等共生,所属岩石有石墨片岩、含石墨二云片岩、含石墨黑云斜长片麻岩等。

(8)混合岩类:实习区内混合岩仅见于学堂坪-狮子坪和红桂香两地,零星分布于崆岭群中,主要包括条带状混合岩、角砾状混合岩、二长质混合岩等。在变质岩与混合岩的过渡地带,常发育混合岩化片麻岩。

三、构造

本区大地构造,以城口-房县断裂为界,北属秦岭褶皱系,南为扬子准地台。秭归属于扬子准地台中西部。晋宁运动使前震旦纪地层强烈褶皱、变质,并伴随有多期岩浆侵入,形成了古老的结晶基底,总体构造方向为北西西,黄陵地块为该基底的地表出露部分。

晋宁运动后,震旦纪至中三叠世,区内一直处于沉降过程,沉积了巨厚的沉积盖层。中三叠世以后,构造变动频繁,印支运动、燕山运动及喜马拉雅运动强烈影响测区,表现为沉积盖层的褶皱和断裂,现存的构造格架基本定型于这一时期,由于黄陵地块的先期存在,外围沉积盖层的变形受其控制或影响,形成一系列弧形褶皱,并相伴产生几条大的断裂。燕山运动对基底的影响,除北侧的雾渡河断裂再度复活并切穿盖层外,总体上远较盖层为弱。

中三叠世以后的构造变动,形成北西向的构造形迹及东西向、北东向、北北东向及北北西向等不同方位、不同性质和不同特征的构造形迹。与此同时,在各构造阶段,北西向构造亦或强或弱地得到了相应的发展,使其构造特征极为复杂。

北西向构造,仅分布于东北角,由褶皱和断裂组成,并伴随有岩浆活动,以沉积盖层组成的褶皱为主;北东向构造,多见于西部,由发育于盖层中的褶皱和断裂组成;北北东向构造,以中部最为注目,主要表现为断裂,褶皱不发育,而且多限制在同方向的次级隆起、拗陷带之上;北北西向构造,集中于东部循黄陵背斜西缘展布,构成近南北向的断裂带。

第三节 新构造运动与地震

一、新构造运动

晚白垩世至第三纪末,构造运动再次活跃,使新华夏系鄂西隆起带早期形迹继续发展,形成具有穿切能力的北北东向断裂,归并了包括黄陵背斜在内的老构造形迹。第四纪以来,地壳仍然处于间歇性整体隆起,而局部地面具有隆起与沉降的交替趋势。

实习区新构造运动为非强烈类型,其总的特点是,南津关以西(串东、鄂西、黔北、湘西北)的山地呈大面积间歇性隆升,并不断扩展,东部江汉平原相对下降,且不断退缩,二者转折线随之东移,其间形成一平缓过渡地带。西部山地,由于上升的间歇性,普遍发育前述二期四级夷平面和多级河流阶地。

二、地震

实习区大部分隶属华中地震区江汉地震带,带内除远离三斗坪坝区的湖南常德、湖北咸丰和竹山地区历史上曾发生过6～6.75级中强震外,其余地区最高震级一般仅5级左右。根据第三代全国地震烈度区划(1990年),在50年超越概率为10%的条件下(相当于地震基本烈度),实习区绝大部分为Ⅵ度和小于Ⅵ度区,整个三峡库坝区均处于Ⅵ度区。

第四节 环境地质及工程地质问题

实习区发育的物理地质现象主要是由于岩石风化、岩溶、高陡斜坡、水库蓄水、矿山采掘而引发的水土流失、斜坡失稳、岩溶塌陷、水库地震及"三废"污染等问题。

一、岩石风化及水土流失问题

1. 岩石风化

测区岩体风化后,残留一定厚度的风化残积土及厚层风化壳,尤其是结晶岩体风化形成典型的形貌特征及垂直分带性。

微晶岩体风化分带及特征如下。

1)剧风化带

风化物质为疏松状态,砂土状及砂砾状碎屑,碎屑大小一般为2～10mm,大部分矿物严重风化变异,如长石变成高岭土、绢云母及绿泥石或蒙脱石;黑云母水化后变为蛭石或蒙脱石;角闪石被绿泥石化;石英解体失去光泽等。风化层纵波速度为0.5～1.0km/s,厚度一般为 20～30m。

2) 强风化带

岩体原生结构破坏严重，呈半松散状态，以碎块石体夹坚硬半坚硬岩石组成，块石含量占 20%～70%不等。除碎块石内部外，矿物已严重风化变异，只是程度较剧风化者轻，产生以水云母为主的次生矿物。风化层厚 2～5m，纵波速度为 2.0～3.0km/s。

3) 弱风化带

由坚硬、半坚硬岩石夹疏松碎块石组成，岩体整体结构为块状。主要裂隙面产生一定厚度的风化层，从上至下裂面风化层厚度从几十厘米到几厘米不等。矿物风化变异较轻，产生以水云母为主的次生矿物。岩体较完整，具有较高强度的纵波速度(3.1～5.5km/s)。岩体相对较均一，透水性明显减弱。

4) 微风化带

由坚硬岩组成，仅沿裂隙面有锈黄色风化变色现象，出现少量绢云母，发育 1mm 左右的风化皮，少数风化皮厚达数厘米。纵波速度为 4.6～5.6km/s。

沉积碎屑岩及灰岩风化特征与结晶岩有很大不同，各带矿物变异特征很难辨识，主要表现为岩体解体破碎程度不同而表现不同的结构特征。风化残积物厚度因地形差异各处差别很大。

2. 水土流失

实习区风化残留物厚度以及地形、植被不同，水土流失在不同地段有很大差别，出现不同程度的水土流失现象。表现突出者是结晶岩风化堆积厚度较大的丘坡地带，在大雨季节许多地段因产生坡面流形成片状或浅冲沟形式的水土流失现象，平均侵蚀模数 $5000t/km^2$。

二、岩溶及有关工程地质问题

1. 岩溶

实习区岩溶现象发育，常见岩溶地貌形态有岩蚀峡谷、峰林、峰丛、洼地、漏斗、溶洞、地下暗河、落水洞、溶蚀槽隙等。

由于碳酸盐岩成分不同，结构构造及地质条件等差异，导致岩溶发育速度及强度差异，因而空间上岩溶发育存在较大差别。从岩性讲，可概括为以灰岩为主、以白云岩为主和以泥灰岩为主的 3 种岩溶类型。

(1) 以灰岩为主的类型：包括下三叠统、二叠统和下奥陶统，岩性主要有灰岩、白云质灰岩、生物碎屑灰岩等，其成分方解石占 70%～90%。岩溶相对发育，发育溶蚀的峡谷、岩溶洼地、落水洞、溶洞、峰丛、峰林等形态。地下暗河、大泉多出露于此地层。

(2) 以白云岩为主的类型：包括中石炭统、上泥盆统、中上寒武统及上震旦统等。岩性以白云岩、结晶白云岩和泥质白云岩为主，岩溶发育较灰岩差。岩溶形态以密集的溶孔、溶隙为主，个别地方受构造等条件控制，发育小型溶洞。

(3) 以泥灰岩为主的类型：包括中三叠统巴东组和中上奥陶统。岩溶发育最差，岩溶形式以溶隙为主,其他形式少见。

受新构造运动影响,岩溶在剖面上分布成层状特征,即水平溶洞分布在不同高程上,表现为与现代地壳升降运动相一致的规律性。

区内发育有一定规模的干枯溶洞,有犀牛洞、狮子洞、白岩洞、朝北洞等,洞深50～2000m不等,洞高3～20m,宽20m以上。这些溶洞均发育有石钟乳等,洞内形态奇异多变。

有水溶洞、暗河、落水洞有28处,主要分布在青干河及九畹溪两条支流上。暗河流量在0.1～1.0m³/s之间,个别达15～24m³/s。

2. 岩溶工程地质问题

实习区内主要岩溶工程地质问题有:
(1)坑道岩溶突水。当采煤平洞揭穿有水溶洞时,引起突然的涌水现象。
(2)岩溶地面塌陷。地下存在大面积溶空区,在地下水等作用下,产生较大面积的地面下沉塌落现象。如秭归杨林区1975年8月9—17日因岩溶塌陷产生地震,地震台观测1.0～1.9级地震6次,2.0～2.1级地震3次。据群众反映,类似塌陷在50年及30年以前也发生过。

三、斜坡失稳工程地质问题

实习区长江等深大河谷发育,加上交通公路开挖,形成大量高陡斜坡地貌,加上特定地段岩性、构造等条件配合下形成大量崩塌和滑坡体。类型有堆积土层崩滑体和基岩崩滑体,有顺层发育的也有切层发育的,规模有大有小,较大规模者达12 500万m³左右。有的处于稳定状态,有的不稳定。结合三峡水库的建设,已对大量不稳定崩滑体采取了防治工程。

据统计三峡库区秭归县有44个滑坡(欧正东等,1997)(表3-3)。

表3-3 秭归县滑坡统计表

县名	滑坡总数	滑坡总体积/(10^4m³)	变形体前缘高程低于180m,后缘高程高于180m			人口数/人		
			个数	面积/(10^4m²)	体积/(10^4m³)	180m以下	180m以上	合计
秭归	44	49 050.1	34	815.73	43 478.1	1252	4378	5630

三峡库区二期、三期治理工程中,对其中危险性大的滑坡、危岩体及库岸进行了治理。在实习区内主要有中心花园滑坡、金钗湾滑坡、聚集坊崩塌危岩体、凤凰山库岸、上校仁库岸、狮子包滑坡等。

秭归县聚集坊崩塌危岩治理工程,保证了秭归—巴东沿江公路和长江航道的安全畅通;兴山县游峡石峡段崩塌滑坡治理工程,保证了兴山—秭归和兴山—宜昌公路交通畅通。

比较大的滑坡有:新滩滑坡体积3000万m³,为松散堆积体滑坡。基岩为志留系砂页岩,目前处于稳定状态。剖面特征见图3-1。

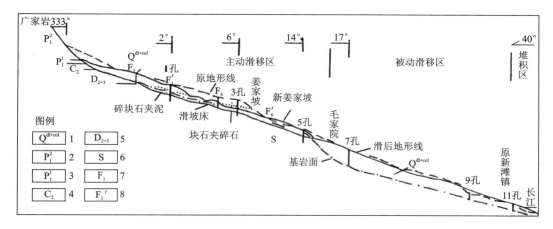

图 3-1 滑坡剖面示意图

1.第四系崩坡积碎块石及土;2.二叠系灰岩;3.二叠系页岩及煤层;4.石炭系灰岩;
5.泥盆系砂岩;6.志留系砂页岩;7.滑坡前监测点位置;8.监测点滑后位置

第五节 水文地质特征

一、区域地下水形成、分布特点

地下水的形成与大气降水量、含水岩层(组)的岩性及构造条件、地貌条件的不同有很大关系,其储存量随时间亦有很大的变化。

秭归位于长江中游,气候属湿润多雨地带,年平均气温为17～19℃,长江沿岸的年平均气温则为8～10℃。多年平均降水量各地差异甚大,总趋势是从长江向两岸山地平均降水量逐渐增大:区内中部巴东站为1080mm/a,南部绿葱坡站最高达1770mm/a,北部堆子站为1351mm/a。降水量各地略有差异:兴山、秭归、巴东为845.3～864.3mm/a,沿渡河为1 063.7mm/a。降水多集中在7月、8月、9月这3个月,12月至次年2月为枯季。历年最大暴雨日降水量为385.5mm。年平均蒸发量为959mm(宜昌站资料),相对湿度为65%～85%。

区内地下水的形成来源,明显受各地段大气降水量的影响,并且在大气降水的丰水年、干旱年以及平水期、枯季都有所变化。据野外观察,区内地下水的主要补给源为大气降水,少量为北部神农架地区地下水侧向补给。

区内西部的碳酸盐岩分布区、秭归一带的碎屑岩分布区、太平溪一带的结晶杂岩分布区形成地下水的条件大不相同。碳酸盐岩区裂隙发育,岩溶也强烈发育,含水条件良好。碎屑岩区裂隙不太发育,结晶杂岩区也只是在风化带内含水,其含水条件较差。即使在碳酸盐岩分布区,也因岩性、构造、地貌条件的不同,地下水的分布、埋藏条件差别甚大。如为正地形的百福坪背斜轴部和为负地形的马家湾向斜轴部,其差别甚大。

区内主要是地下水补给地表水,两者关系极为密切。地表河流的径流量为地下水和地表水径流量的总和;而地表河流的枯季径流量亦可视为地下径流量。区内地表水系发育,以长江为主干,横贯中部。西自青石,东至茅坪,长达百余千米。峡谷最窄处仅百余米,茅坪附近长江深切至海拔 10m,成为长江中游的主要落差地段,其纵坡降为 0.032%。长江洪水期出现在 7—9 月,最大洪峰流量达 70 600m^3/s;枯水期在 1—3 月,其最枯流量仅为 5500m/s。年平均流量为 11 300m^3/s,年平均径流量为 3750 亿 m^3。区内南北边界大致为本段长江的分水岭,发育有香溪河等 16 条支流,各支流地表流量、多年平均径流深差异较大。区内西部沿渡河站多年平均径流深为 1 203.4mm,南部陕西营站为 733.2mm。

综上所述,本区具有地层多样性、地质构造及地形条件复杂性等特征,区内地下水在各自不同的形成条件下,差异甚大,根据地下水赋存条件的不同可将本区地下水划分为不同的地下水类型,分别为第四系孔隙含水、结晶岩裂隙水、碎屑岩裂隙水、碳酸盐岩岩溶水。

二、岩溶分布和发育规律

区内碳酸盐类岩石广泛分布,西部青林坝至寻骡坪一带较集中,面积 4125km^2。以灰岩、白云岩为主,次为砂质白云岩、泥质灰岩、灰岩夹碎屑岩。燕山期的构造运动,使黄陵背斜、锯居湾褶皱带、珍珠岭复背斜、香炉山背斜等构造部位形变剧烈,裂隙发育。在漫长的地质历史发展过程中,地下水循环作用造成碳酸盐岩的岩溶强烈发育,各种岩溶形态广泛分布。岩溶个体形态常见有溶槽、溶沟、岩溶洼地、坡立谷、溶蚀槽谷、岩溶湖、落水洞、岩溶漏斗、溶洞、暗河、天窗、伏流、岩溶泉等。这些岩溶形态,显示着地下水在碳酸盐岩中的溶蚀过程、赋存条件和运动状态。

地下水对碳酸盐岩的溶蚀作用,因岩石的成分、组合关系不同,其溶解程度有很大差别。据野外大量观测资料和实验证明:纯灰岩(如石龙洞组、黄龙组、阳新组、大冶组、嘉陵江组等地层的灰岩),其成分以方解石为主,占 80%~90%;含二氧化硅甚少,占 5% 以下;空隙大,夹碎屑岩少(5%~20%);其相对溶解速度快,其次溶解速度较快的是白云岩类岩石,再次为泥灰岩、碳酸盐岩夹碎屑岩。碳酸盐岩与碎屑岩的不同比例组合,其岩溶发育程度亦不同。

区内厚度比较大的碎屑岩(如志留系砂页岩),控制了岩溶的发育,因而在其与灰岩的接触带常有大型暗河、岩溶泉等出露。地下水对碳酸盐岩的溶解作用,是在岩层的构造裂隙或层间裂隙中进行的。而岩层裂隙的展布方向和张开程度随所处构造部位不同而不同,它控制着岩溶的发育方向、形态特征和发育程度。

地下水循环交替条件,是岩溶发育的重要控制因素。地下水各交替循环带,发育着不同的岩溶景观和个体形态,在包气带内(包括部分地表水的溶蚀作用)垂直循环至带内,形成各级剥夷面的岩溶景观。在一级、二级剥夷平面上,常有岩溶洼地、漏斗、落水洞、岩溶湖等个体岩溶形态发育。在垂直循环带内,主要以垂直岩溶管道发育为主,特别是二级、三级、四级剥夷面或其陡坡接触部位,形成地下暗河或大型岩溶泉。在水平循环带内,岩溶以水平岩溶管道发育为主,在有隔水层和当地排泄基准面等条件的配合下,见有大型暗河、岩溶泉等出露。深部循环带岩溶现象少见。

地下水在碳酸盐岩中的赋存和溶解作用,扩大了构造裂隙和层间裂隙的张开程度,打开了运动的通道,促进了各类岩溶形态的发育和发展。随着地壳历次变动和现代地壳上升、河谷急剧下切等具体条件不同和地下水对碳酸盐岩溶解作用时间的延续,反映出岩溶发育的各向异性和发展过程中的继承性及垂直分带性。

综上所述,岩溶发育受岩性、构造、地貌、地下水的活动所控制。前三者的空间展布状态,由于具体配置条件的不同,在地下水的溶蚀作用下,各地岩溶发育程度有所不同,反映出岩溶分布的差异性。地下水循环分带性及其随地壳上升、河谷深切的变动,反映出岩溶垂直方向发育过程中的继承性及垂直分带性。

三、地下水类型及富水性

前已简述,区内地层出露较齐全,各组地层形变程度不同,长江及其支流形成参差不齐的地下水排泄基准面。在黄陵背斜、秭归盆地、西部岩溶发育的褶皱山地等各地质块体的地层中,都储存和运移着不同类型不同富水程度的地下水。其储存量、运移形式、水力坡度等均受构造、岩性、地貌和当地排水基准面的控制。

依据区内各时代地层的空间展布特点及地下水资源的开采条件,可概括划分为有供水意义的含水岩层(组)和无供水意义的相对隔水层(组)两大类。含水岩层(组)是指具有大体相同含水特征的岩层组合(不局限地层时代)。根据区内各岩组的岩性、孔隙、裂隙发育程度,将含水岩层(组)划分为 4 个地下水类型(包括若干亚类),分别为:

Ⅰ.松散岩类孔隙潜水

Ⅱ.碎屑岩类层间裂隙承压水

Ⅲ.碳酸盐岩类岩溶水

碳酸盐岩裂隙溶洞水

碳酸盐岩夹碎屑岩裂隙溶洞水

Ⅳ.基岩裂隙水

构造裂隙水

风化带网状裂隙水

各地下水类型的富水性不同,就是同一类型地下水的富水性也不相同。根据区内泉流量的调查结果,富水性级别按泉水常见流量大于 60%、泉个数大于 60% 以及径流模数,划分为强富水、中等富水、弱富水 3 级。区内富水性划分标准见表 3-4。

表 3-4 地下水富水性等级表

富水性等级	泉流量级别 /(L/s)	泉流量级别百分比 /%	泉个数百分比 /%	地下径流模数级别 /(L/s·km²)
强	>50	60 以上	60 以上	>20
中	10~50	60 以上	60 以上	10~20
弱	<10	60 以上	60 以上	<10

地下水类型及富水性情况见表 3-5。

表 3-5 地下水类型及富水性情况表

地下水类型	断层代号	富水性	泉水总数/个	泉数所在水量级别/(L/s)	百分比/%	泉流量总数/(L/s)	泉流量所在水量级别/(L/s)	百分比/%	地下径流模数/(L/s·km²)	水文地质特征
Ⅰ 松散岩类孔隙潜水	Q	弱								零星分布在河谷两岸及山间洼地，上部砂质黏土层和砾石层，弱富水，下部黏土夹砾石
Ⅱ 碎屑岩类层间裂隙承压水	J	中等	157	<1	85	116.1	<1	15.7	6.53	分布秭归盆地中、上部砂岩、泥岩互层，下部砂岩夹煤层
				10~50	3		10~50	56		
Ⅲ 碳酸盐岩类岩溶水	$T_2 j$, T_1, P_2, P_1, O_1, ϵ_3, ϵ_2, $\epsilon_1 shl$	强	428	<1	62.3	38 507	<1	1.1	>20	分布广泛，以灰岩、白云岩、暗河强烈发育为主，溶洞、暗河厚度发育，溶洞泉流量达100L/s以上，溶洞泉流量10~50L/s，50~100L/s
				>50	13		>50	97.7		
	$T_2 b^2$, C_2	中	53	<1	55	1 011.1	<1	0.6	10~20	分布于区内西部，次为沉积厚度小呈条带状展布的灰岩，溶洞中等发育，溶洞泉流量10~50L/s
				>50	9		>50	77		
	$Z_2 dn$	弱	7	<1	57	20.82	<1	3	<10	分布黄陵背斜西部，硅质白云岩，落洞不发育，泉小于10L/s，具有泉个数少，流全小
				10~50	43		10~50	97		
Ⅲ 碳酸盐岩夹碎屑岩类裂隙溶洞水	O_{1+2}, $Z_2 d$	弱	17	<1	52.7	35.16	<1	4.2	<10	分布于黄陵背斜西翼等地，灰岩夹页岩，溶洞暗河不发育，泉流量1~10L/s
				1~10	40.2		1~10	67.3		

续表 3-5

地下水类型		断层代号	富水性	泉水总数 /个	泉数所在水量级别 /(L/s)	百分比 /%	泉流量总数 /(L/s)	泉流量所在水量级别 /(L/s)	百分比 /%	地下径流模数 /(L/s·km²)	水文地质特征
Ⅳ 基岩裂隙水	构造裂隙水	$K, D_{2+3}, Z_1 n$	弱	29	<1	88.9	31.42	<1	55.9	<10	白垩系上、下部为砾岩,中部为砂岩;南沱组石英砂岩、细砾岩
	风化带网状裂隙水	γ, Pt	弱	88	<1	94.3	13.9	<1	48.1	7.46	新鲜岩石裂隙不发育,风化带含裂隙水,泉水流量小于0.5L/s,弱富水
					$1\sim10$	5.7		$1\sim10$	51.9		
相对隔水岩层(组)		$T_2 b^3, T_2 b^1,$ $P_2 l, P_1 mn,$ $S, \in_1 sh p$		104	<1	92.3	82.97	<1	20		沉积厚度大,分布面积广泛的泥岩、页岩夹砂岩,相对于碳酸盐岩隔水(含少量裂隙水)
					$10\sim50$	1.9		$10\sim50$	72.3		

1. 松散岩类孔隙潜水

主要分布在平阳坝、茅坪等地,长江及其支流的河谷和山间洼地也有零星分布。平阳坝一带分布面积相对最大,约 $4km^2$,最厚处达 30m,岩性为黏土、黏质砂土、砾石等。茅坪一带长不足 3km,宽约 1km,厚 5~15m,是长江的Ⅰ级阶地,岩性底部为砾石层,上部为黏质砂土。其他地段面积和厚度更小。松散岩类孔隙潜水主要接受大气降水和下伏基岩裂隙水或岩溶水的补给,径流途径短,泉流量小于 $0.5L/s$,其动态不稳定,受季节变化的影响较大。属弱富水,通常可作当地居民饮用水。

2. 碎屑岩类层间裂隙承压水

主要分布于秭归一带,面积 $1040km^2$,由侏罗系组成。其岩性为:桐竹园组(J_1t)以砂岩为主;聂家山组(J_2n)为泥岩夹砂岩。因秭归向斜地应力相对微弱,断裂亦不发达。向斜平缓开阔,为中低山正地形。

主要接受大气降水补给。由于地层、构造等条件,形成多层的层间裂隙承压水,但地下水富集条件不好。据泉流量统计和泉流量分散状分析,一般泉流量小于 $1L/s$,地下径流模数为 $6.53L/(s \cdot km^2)$。

3. 碳酸盐岩类岩溶水

由于碳酸盐岩的岩性、裂隙发育程度、岩溶发育程度及其相互配置等的不同,造成地下水的富水性不同,其形成条件也因地而异。依据这个差异将碳酸盐岩类岩溶水划分为两个亚类:碳酸盐岩裂隙溶洞水和碳酸盐岩夹碎屑岩裂隙溶洞水。

1) 碳酸盐岩裂隙溶洞水

本亚类地下水的富水性分强、中、弱 3 级。

(1) 强富水:组成强富水的地层,是由质较纯的灰岩地层组成,包括:下三叠统嘉陵江组、大冶组,上二叠统,下二叠统,下奥陶统,中上寒武统,下寒武统石龙洞组等。展布在青林坝、沿渡河、大峡口等地,面积达 $3965km^2$。溶洞、暗河强烈发育,暗河流盆达 $100L/s$ 以上,泉流量 $50~100L/s$,暗河、溶洞泉的总流量约占本类型泉水总流量的 97%,地下径流模数高达 $20L/s \cdot km^2$ 以上(如边连坪水文地质单元)。

区内成分较纯的灰岩地层,在地壳大面积继承性隆起和长江深切的条件下,地下暗河强烈发育。暗河主干展布在地下水循环带的季节变动带或水平循环带内,发育有 3 种情况:第一种是大气降水直接渗入暗河,暗河逐渐扩大,地下水呈管洞流状态,如寻骤坪地;第二种是大气降水通过落水洞或裂隙渗入地下,以脉状岩溶泉形式出露地表,经短暂地表(小型岩溶洼地)径流,再进入宽大地下暗河,地下水呈脉—洞状态,如申酉坪地下暗河;第三种属伏流或暗河。地表水在地下伏流过程中汇集地下水,如姜家沟伏流或暗河。

地下水在垂直循环带或水平循环带内运动的过程中,常切穿各组灰岩地层,汇集于各向斜轴部、背斜的两翼、隔水岩层界面、深切溪沟等处,以岩溶泉的形式出露地表,且常集成大型岩溶泉,其流量达 30L/s 以上。如兴山县抽莎树溪所见的 30 号、31 号、32 号岩溶泉,流量达 500L/s 以上。

地下水渗流场类型常见有向斜谷地汇流排水型、背斜山地分流排水型、单斜山地同向排水型(纵谷)、单斜山地汇流排水型(横谷)4 种类型。

(2)中等富水:由白云质灰岩和泥灰岩组成碳酸盐岩裂隙溶洞水的中等富水地段,包括巴东组中段、中石炭统。溶洞中等发育,溶洞泉流量为 10~50L/s,地下径流数为 10~20L/s·km² (如青林坝水文地质单元)。

(3)弱富水:由震旦系灯影组硅质白云岩组成。溶洞不发育,流量为 1~10L/s,地下径流模数小于 10L/s·km²。地下水动态受季节的影响变化比较大。其水动力类型主要为单斜山地同向排水型。

2)碳酸盐岩夹碎屑岩裂隙溶洞水

分布于庙河、锯居湾、绿葱坡等地,面积 160km²,由中、上奥陶统、震旦系陡山沱组成。其岩性为灰岩夹页岩或互层。主要接受大气降水补给,渗入系数为 0.06,溶洞裂隙泉流量小于 10L/s,地下径流模数小于 10L/s·km²,属弱富水。

4. 基岩裂隙水

1)构造裂隙水

区内构造裂隙水由下白垩统、中上泥盆统和下震旦统南沱组砂岩段组成(图 3-2)。

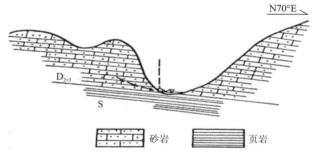

图 3-2　香炉山北翼基岩裂隙水(D_{2+3})与
相对隔水岩层(S)及当地排水基准面(溪沟)关系示意图

下白垩统:上、下部为砾岩,中部为砂岩,分布在仙女山及天阳坪两地,面积约 35km²,大气降水是其主要补给来源,多年平均渗入系数为 0.208。地下水赋存条件较差,一般泉流量小于 1L/s,大者可达 30L/s,为弱富水。由于仙女山及天阳坪两条活动性断裂形成富水带,造成本层地下水补给断裂富水带。

据泉流量统计及泉水分散状态分析,一般泉流量小于 1L/s,属弱富水。泥盆系石英砂岩上覆黄龙灰岩和马鞍山页岩夹煤层,下伏志留系砂页岩,与其他含水层基本无水力联系。

2)风化带网状裂隙水

风化带网状裂隙水分布在茅坪至太平溪一带,为一套古老的结晶杂岩。在近东西向压应力作用下,北北东向压性断裂、北西西向和北东东向两组张性断裂及缓倾角断裂较发育。同时,在外营力作用下,风化作用强烈,形成10～50m厚的风化壳。此风化壳分为全风化、强风化、中风化和微风化4个带。由于褶皱、断裂向深部迅速减弱,造成地下水在深部的富集和运移条件极差。据茅坪、三斗坪的钻孔揭露,新鲜岩石裂隙不发育,基本不含水、不透水。风化带内网状裂隙水富集条件和运移条件较新鲜岩石稍好。据已调查的泉统计和泉水分散状态分析,一般泉流量小于0.5L/s,地下径流模数为7.46L/s·km²,属弱富水。

结晶杂岩风化带网状裂隙水,主要接受大气降水补给,多年平均渗入系数为0.208,径流条件较好。泉流量受季节的变化影响较大,中等干旱年,部分泉都干枯。地下水动力类型如图3-3所示。

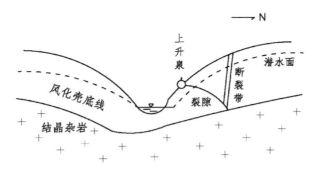

图3-3 黄陵背斜结晶杂岩风化带网状裂隙水动力类型示意图
(结晶杂岩风化壳地下水在饱气带内运动,沿构造裂隙向当地排水基准面排泄)

四、相对隔水岩组

相对隔水岩组分布于新滩、锯居湾、香炉山等地,面积约为100km²。由中三叠统巴东组上、下段,上二叠统吴家坪组,下二叠统马鞍组,志留系,下寒武统石牌组等组成,以砂岩、页岩、泥岩为主,相对于碳酸盐岩隔水,其也接受大气降水补给,渗入系数约为0.0021。砂岩含少量裂隙水,以泉的形式出露,泉流量小于1L/s,属弱富水。单层隔水层吴家坪组页岩夹煤层的存在,使阳新灰岩有大型裂隙岩溶泉出露,表明阳新灰岩可能与上覆大冶灰岩有水力联系。

五、断裂集水带

仙女山、天阳坪2条活动性断裂带是地下水富集带碎裂岩和轻度角砾岩化岩石裂隙发育带,其配套的活动性断裂规模小。由于断裂带中的压型张性断裂,充填胶结较差,透水良好,所以有利于地下水的富集。荒口至老林河(仙女山断裂)和老林河至天阳坪(天阳坪断裂)两地段,均见泉水沿断裂带成排出露,泉流量一般小于5L/s,179号泉达80L/s。区内其他各断裂带的富水性,不如上述2条活动性断裂明显。

六、温泉

测区见有6号、155号、237号3处温泉,其中6号、155号温泉可直接开采利用。155号温泉出露于五龙背斜轴部下奥陶统灰岩中,深部地下水沿一条走向北东60°～70°,倾向北西,倾角 70°～80°的张性断裂上升而出露地表。流量为 7.6L/s，水温 29℃，地下水化学类型为硫酸重碳酸镁钙型水，矿化度为 0.4g/L，氟含量为 0.002 8g/L。

第六节　地质实习路线及内容

路线一　实习区踏勘路线

1. 任务

(1) 了解实习区地形、地貌特征以及实习基地的地理位置。
(2) 了解实习区的基本地质概况及实习路线的分布。
(3) 了解实习基地岩石园三大类岩石的基本特征及鉴定方法。
(4) 学习罗盘的使用方法。
(5) 学会使用地形图和在地形图上定点的基本方法。
(6) 熟悉和掌握野外地质调查研究中地质点的基本记录格式及素描图的基本要求。

2. 说明

(1) 踏勘路线位置选在实习站附近较高的秭归县文教小区，可以看到秭归县城、长江及周边的山峰。
(2) 介绍罗盘的使用方法，让学生利用罗盘确定东、西、南、北方位，并亲自动手测量面状构造产状。
(3) 让学生使用罗盘，利用交会法在地形图上确定自己所在的位置。
(4) 给学生介绍实习区地形、地貌特征以及实习站的地理位置；介绍实习区的地层、岩浆岩、变质岩的分布情况以及不同地层表现出不同的地貌特征，也可适当介绍实习区的人文景观、自然景观，以及与三峡大坝、秭归新县城选址上有关的工程地质问题。
(5) 介绍实习路线的基本分布情况。
(6) 掌握野外地质调查研究中地质点的基本记录格式及素描图的基本要求。
例(记录格式)：

No.000

点位：
GPS：(经纬度及海拔高度)
点义：
露头：
描述：
岩性：
构造：
接触关系：

3. 野外工作和实习要求

(1)每条野外实习路线结束后,要写路线小结,总结路线观察的地质现象、归纳获得的地质认识以及存在的一些问题。

(2)所有的地质剖面、素描图都要按所要求的格式,规范画在记录簿的左面网格纸上。

路线二 基地—东岳庙—青鱼背—小滩头—基地

1. 任务

(1)观察描述茅坪复式岩体(超单元)的东岳庙岩体和黄陵庙复式岩体(超单元)的三斗坪岩体(单元)、青鱼背岩体(单元)、小滩头岩体(单元)岩性特征。

(2)观察认识三斗坪岩体中破碎带的岩石特征。

2. 观察与记录

No.001

点位:东岳庙市场岔路口

GPS:

点义:茅坪复式岩体(超单元)中的东岳庙岩体(单元)($Pt_3 D\pi\gamma o$)岩性观察点

露头:人工,较好,弱风化

描述:

岩性特征:灰色,中—细粒结构,具似片麻状构造,块状构造。主要矿物成分为斜长石(67%)、石英(25%)、黑云母(5%)、角闪石(3%)。岩石定名为灰色中细粒黑云斜长花岗岩。

该岩体的基本特征是:矿物粒径细小,具流面、流线构造,色率不足10,黑云母含量大于角闪石。这是茅坪复式岩体中最晚期就位的岩体,也是该复式岩体最东缘的一个岩体,故岩体中矿物颗粒较细小,而且指示岩浆流动的流面构造发育。

No.002

点位:334省道41km标牌处

GPS:$111°05'15''N/30°51'02''E$ H700m

点义:黄陵庙复式岩体(超单元)中的三斗坪岩体(单元)($Pt_3 S\gamma\delta$)内破碎带观察点

露头:人工+天然,较好,弱风化

描述:

岩性特征:灰色,中粒结构,局部有似斑状结构,块状构造,主要矿物成分为斜长石(57%)、石英(25%)、钾长石(10%)、黑云母(6%),另含少量角闪石。岩石定名为灰色中粒黑云母花岗闪长岩。

该岩体的显著特征是:①开始出现肉红色的钾长石;②似斑状结构仅局部出现;③岩石中磁铁矿含量较高,但现已变成赤红色的赤铁矿;④可观察到钾长石含量较高的岩脉。

岩体中破碎带:总体为脆性破裂。破碎带岩石中可见动力变质所形成的碎裂岩,碎裂岩主要由红绿相间的矿物组成,红色矿物为钾长石化所致,绿色矿物为绿泥石化所致。局部可见红色石英,红色是由铁质矿物风化、淋滤、浸染所致。

No.003

点位:334省道40km标牌处,黄陵庙村三组一民房旁
GPS:111°05′57″N/30°51′07″E H700m
点义:黄陵庙复式岩体(超单元)中的三斗坪岩体(单元)($Pt_3S\gamma\delta$)岩性观察点
露头:天然,良好,弱风化
描述:
岩性特征:灰色,中粒结构,局部有似斑状结构,块状构造,主要矿物成分为斜长石(57%)、石英(25%)、钾长石(10%)、黑云母(6%),另含少量角闪石。岩石定名为灰色中粒黑云母花岗闪长岩。

No.004

点位:334省道39km标牌处,黄陵庙村四组东约50m处
GPS:111°06′38″N/30°50′50″E H700m
点义:黄陵庙复式岩体(超单元)中的青鱼背岩体(单元)($Pt_3Q\eta\gamma$)岩性观察点
露头:天然,良好,弱风化
描述:
岩性特征:新鲜岩石为红绿相间的杂色,风化后为土黄色,中粒结构,块状构造。主要矿物为肉红色的钾长石(40%)、青灰色的斜长石(34%)、石英(25%),另含极少量的白云母(<1%)。该岩石的白云母含量虽低,但因其特殊性故参加命名,因而岩石定名为杂色中粒白云母二长花岗岩。

该岩体岩石又称为淡色花岗岩,它是地壳深熔作用的代表性岩石。研究认为,这种花岗岩的就位指示该地区已进入陆内造山阶段,这种作用会导致陆壳加厚而使地壳岩石发生部分熔融。

岩体中可见染红的石英,成因是在水体作用下,暗色矿物被淋滤后被石英吸附。

No.005

点位:小滩头渡口东侧采石场
GPS:111°07′54″N/30°50′33″E H700m
点义:①黄陵庙复式岩体(超单元)中的小滩头岩体(单元)($Pt_3Q\eta\gamma$)岩性观察点;②环带结构钾长石斑晶观察点
露头:人工,良好
描述:
岩性特征:岩石为似斑状结构,块状构造。基质为中粗粒,斑晶为巨大肉红色钾长石,基

质除钾长石外还有石英和斜长石,另含少量的白云母和黑云母。各矿物含量分别为钾长石(52%)、石英(30%)、斜长石(15%)、白云母+黑云母(3%)。该岩石中两种云母含量较低,但因属淡色花岗岩故参加命名。岩石定名为似斑状二云母正长花岗岩。

此外,该岩石常含有富云包体,这是富云母的原岩被部分熔融剩下的残余,表明该岩石源于地壳深熔作用,有人认为它是陆内造山运动(后造山)背景下岩浆作用的代表性岩石。

点西200m:可见钾长石斑晶环带结构,环带中白色成分为钠长石,红色成分为钾长石。

> 岩体小结

从图3-4中数据变化可知,实习区内各岩体内矿物成分及含量变化存在如下显著特征:

(1)从地理位置上分析,由西至东,岩体内角闪石含量逐渐减少。
(2)仅兰陵溪岩体内出现辉石。
(3)茅坪复式岩体内基本上不含钾长石,从黄陵庙复式岩体内三斗坪岩体开始出现钾长石,且由西至东含量增大。
(4)黄陵庙复式岩体内的青鱼背和小滩头岩体内出现白云母。

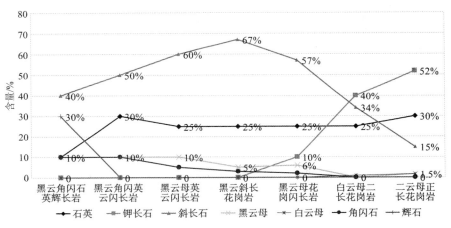

图 3-4　实习区各岩体内矿物含量变化

路线三　基地—问天简—九畹溪—基地

1. 任务

(1)观察下寒武统石牌组—志留系。
(2)观察断层、褶皱构造。

2. 观察与记录

No.006

点位:问天简观景台
GPS:

点义:石牌组上部泥质条带灰岩岩性观察
露头:天然,良好,弱风化
描述:

石牌组($\in_1 sp$):由灰绿色、黄绿色黏土岩,砂质页岩,细砂岩,粉砂岩夹薄层灰岩,生物碎屑灰岩组成,含三叶虫化石。下段:细砂岩。中段:团块状灰岩。上段:条带状灰岩。

No.007

点位:334省道　m处
GPS:
点义:石牌组($\in_1 shp$)—天河板组($\in_1 t$)界线点
露头:天然,良好,弱风化
描述:
点东:石牌组($\in_1 sp$)条带状灰岩
点西:天河板组($\in_1 t$)灰色薄层鲕粒灰岩及薄层状白云质灰岩

天河板组($\in_1 t$),厚90m,底部为灰色薄层鲕粒灰岩及薄层状白云质灰岩,有溶洞。下部深灰色薄—中层状泥质条带灰岩,偶夹砂砾屑泥晶灰岩。中部为深灰色薄—中层状泥质条带状灰岩,其中局部层段为核形石灰岩、鲕粒灰岩,产古杯及三叶虫化石,发育水平层理、小型槽状斜层理。上部岩性为深灰色薄—中层状泥质条带灰岩,局部泥质条带中粉砂质含量较高。向上白云质成分增加,钙质成分减少。

No.008

点位:334省道　m处/棕岩头隧道东口
GPS:
点义:天河板组($\in_1 t$)—石龙洞组($\in_1 sl$)界线点
露头:
描述:
点东:天河板组($\in_1 t$)深灰色薄—中层状泥质条带灰岩
点西:石龙洞组($\in_1 sl$)厚36.23~86.3m

下部为灰白色中厚层夹薄层中细晶白云岩、厚层状夹中层状白云岩,偶见遗迹化石。中部岩性为厚层块状细晶白云岩夹中层状白云岩,发育"雪花"状构造、古喀斯特构造。上部岩性为灰白色厚层块状白云岩夹中层状白云岩、风暴角砾岩、砾屑白云岩沉积序列。与下伏天河板组呈整合接触。

点间:
生物碎屑灰岩、内碎屑灰岩、鲕状灰岩(素描)
介绍生物碎屑灰岩、内碎屑灰岩、鲕状灰岩成因

No.009

点位:茶园坡隧道东出口

GPS:

点义:石龙洞组/覃家庙组界线点

露头:天然,良好,弱风化

描述:

点东:石龙洞组($\in_1 sl$)灰白色厚层块状白云岩夹中层状白云岩、风暴角砾岩、砾屑白云岩

点西:覃家庙组($\in_2 q$)以薄层状白云岩和薄层状泥质白云岩为主,夹有中—厚层状白云岩及少量页岩、石英砂岩,岩层中常有波痕、干裂构造,并有石盐和石膏假晶的地层。

No.010

点位:茶园坡隧道西出口

GPS:

点义:①覃家庙组($\in_2 q$)—三游洞组($\in_3 s$)界线;②平卧褶皱观察点

露头:天然,良好,弱风化

描述:

点东:覃家庙组($\in_2 q$)中厚层、厚层白云岩

点西:三游洞组($\in_3 s$)灰、浅灰色薄层—块状微—细晶白云岩、泥质白云岩夹角砾状白云岩,局部含燧石的地层序列。

平卧褶皱:覃家庙组($\in_2 q$)中厚层、厚层白云岩(素描图)

No.011

点位:抬上坪隧道西出口

GPS:

点义:①三游洞组岩性观察;②小断层观察

露头:天然,良好,弱风化

描述:

三游洞组($\in_3 s$)厚层白云岩,含生物礁灰岩

小断层产状(素描图)

路线三小结

地层、岩性变化等

路线四 基地—路口子—链子崖—基地

1.任务

(1)了解奥陶纪—二叠纪地层。

(2)了解新滩滑坡。

(3)观察链子崖危岩体。

2. 观察与记录

No.012

点位:鲤鱼潭隧道西出口
GPS:
点义:①奥陶系介绍;②牯牛潭组岩性观察
露头:天然,良好,弱风化
描述:
教学要求:
(1)奥陶系分层情况。
(2)牯牛潭组杂色瘤状灰岩观察,可简单画岩石层面素描。
下部:三游洞组($\epsilon_3 s$)厚层白云岩,含生物礁灰岩。
上部:牯牛潭组($O_2 g$)厚 23.3m。

No.013

点位:路口子西约 50m 处
GPS:
点义:志留系介绍及岩性观察
露头:天然,良好,弱风化
描述:
教学要求:
(1)志留系分层情况。
(2)龙马溪组岩性观察。
志留系分为中、下统。中统纱帽组($S_2 s$)厚度为 118~178m,红色砂岩夹页岩。下统罗惹坪组($S_1 lr$),厚度为 534~900m,紫红色灰绿色页岩夹石英砂岩。下统龙马溪组($S_1 l$)厚度为 180~579m,灰绿色页岩夹石英砂岩。

No.014

点位:链子崖风景区
GPS:
点义:①泥盆系—二叠系岩性介绍;②灾害地质介绍
露头:天然+人工,良好,弱风化
描述:
泥盆系从老到新分为云台观组($D_2 y$)、写经寺组($D_3 x$)。
1)云台观组　厚 15~64m
云台观组为一套前滨相碎屑岩沉积,岩性为灰白色、浅灰色厚层块状—中厚层状细粒石英岩状砂岩,夹少量细粒石英砂岩、石英粉砂岩及不稳定的薄层泥质粉砂岩,底部为含砾石英砂岩,产植物化石。发育大型交错层理,底部常见不稳定的透镜状石英质细砾岩,属无障壁海岸前滨相—近滨相。

2)写经寺组　厚13~19m

底部为灰色页片状泥岩夹中薄层状生物屑泥晶灰岩、紫红色鲕状赤铁矿层,向上为灰色中厚层状生物屑泥晶灰岩夹灰黄色薄层状泥质灰岩、泥晶灰岩、钙质泥岩。

石炭系从老到新分为和州组(C_2h)和黄龙组(C_2hl)。

1)和州组　厚21.9m

岩性为灰黑色粉砂岩、细粒石英砂岩夹深灰色含生物颗粒灰泥岩。

2)黄龙组　厚2~119m

岩性为灰色、浅灰色厚层—块状泥晶灰岩,生物碎屑灰岩,底部为亮晶灰岩,含灰质白云岩角砾、团块,富产䗴类,顶界为起伏不平古岩溶面。

二叠系从老到新分为栖霞组(P_2q)、茅口组(P_2m)和孤峰组(P_2g)。

1)栖霞组　厚130~212m

本组对应区域地层马鞍组(P_1m)岩性为深灰色中—厚层骨屑泥晶灰岩、瘤状生物泥晶灰岩、粉屑微晶灰岩、含碳藻屑泥晶灰岩、含团块状燧石。顶部为含生屑黏土岩、水云母黏土岩,产䗴类、有孔虫、珊瑚等化石。属浅-深水陆棚相。

2)茅口组　厚178m

本组对应区域地层阳新组(P_1y)岩性为含骨屑、砂屑微晶及亮晶粒屑灰岩,微晶生物屑灰岩,细晶白云岩。含硅质岩及灰岩扁豆体。

3)孤峰组　厚9~11m

岩性为浅灰色薄层硅质岩夹碳质硅质页岩,或呈互层状产出。产菊石、腕足类、双壳类。

新滩滑坡

1)发生时间、地理位置、致灾情况

1985年6月12日凌晨,位于湖北省秭归县长江左岸西陵峡上段兵书宝剑峡口北岸,东距三峡大坝仅27km的新滩镇旧址一带,发生了规模空前的大型滑坡。

这一滑坡发生时,将大约1/10的滑体推入长江,激起的涌浪高54m,余浪波及上、下游江面达42km,并一度在江中形成高出水面数米、长93m、宽250m的碍航滑舌,且曾经中断航运12天。同时,新滩镇旧城建筑物全部毁坏,在江中行驶及停靠的70余艘机动、非机动船只也遭到彻底击毁或严重破坏。

但是,由于有关科研单位与政府部门对该滑坡执行了长期监测和准确预报,并及时采取了撤离避灾措施,使滑坡区内457户,1371人无一人受到伤亡。因此,新滩滑坡被誉为我国滑坡灾害防治研究史上的成功范例。

2)工程地质基本特征

新滩滑坡具北高南低地势特征,其前缘直抵江边,高程为70m(库区蓄水前正常水位),后缘在广家崖陡壁下,高程为900m。滑坡平面形态为尾部窄、前锋宽的长舌状,其南北长

1900m,东西宽210~710m,面积约0.73km²。

该滑坡自北而南倾向长江滑动,平均坡度23°。滑体物质由来源于尾缘及东西边界陡壁上的泥盆系、石炭系、二叠系砂岩和灰岩等崩塌堆积而成的块石土构成,平均厚度30m左右(最大厚度110m),总体积3000万m³。

滑坡尾崩坡积物下伏志留系基岩,岩性为砂、页岩,形态比较复杂。发育在崩坡积物与下伏基岩之间的滑动面或滑动层为含砾黏土、亚黏土层,厚0.5~0.8m,天然呈潮湿状态。

按物质组成论,新滩滑坡为堆积块石土类型滑坡,就运动特征而言,新滩滑坡具有后缘前推式特点。因此,新滩滑坡具有多阶结构形态,明显可分为主动、过渡及被动3个滑动区段。

3) 滑坡前兆信息与滑坡预报依据

(1) 滑坡后缘的原有开口裂隙,在1985年6月10日晚,一夜之间错落了2m的垂降距离;同时,东、西两侧的有关地裂缝也增宽至10~30m,并且,与后缘裂隙沟通而形成了规模显著的弧形张裂圈;前缘坡脚极度潮湿,剪鼓胀异常明显。

(2) 局部地段出现鼓包、出路错断、路面隆起、梯田石垒坎倒塌。

(3) 伴有微地动、地声、地热现象及动物的非正常反映。

(4) 姜家坡前缘小崩小塌规模渐大,频度增高;6月10日凌晨4时15分,姜家坡陡坎西侧望人角一带,发生了约70万m³的土石崩滑灾害,并在崩滑前5分钟出现管涌,喷沙冒水10余米高,预示大规模滑坡即将发生。

4) 滑坡过程与滑动机理

滑坡之后有关人员汇总研究发现,崩坡积物不断增厚产生的斜坡加载作用与连续下降的雨水渗透道黏土质滑动带或润滑层中的软化降黏作用,是导致新滩滑坡边坡失稳滑动的根本原因或主要动力。

新滩滑坡的产生发展总体经历了缓慢变形(1979年8月前)、匀速变形(1979年8月—1982年7月)、加速变形(1982年7月—1985年5月)、急剧变形(1985年5月中旬—6月11日)4个阶段。

斜坡演化至急剧变形阶段的新滩滑坡,首先从尾部开始运动,继之,经过过渡区(中间地带)而达前锋临江被动滑动区,最终,将滑体总量约1/10的物质直接推送到长江水体之中。

链子崖危岩体

链子崖危岩体在长江南岸,下距宜昌市73km,距三峡坝址27km,属湖北省秭归县,对岸为1985年再次大规模活动的新滩滑坡和新建的新滩(现屈原)镇(老镇被滑坡推入江中)。链子崖危岩体是岩层开裂变形体,发育在由下二叠统栖霞组(P_1q)坚硬石灰岩组成的阶梯状陡壁上,底为厚1.8~4.2m的马鞍组(P_1m)软弱煤系层,岩层倾向上游斜向长江。开裂变形的主要原因是煤层开挖采空和陡壁卸荷等,由南至北(江边)分为3段,分别被T0—T6、T7、T8、T12等长大裂缝切割和围限,体积依次为87万m³、2万m³、226万m³,均处于蠕变阶段。其变形破坏的形式一般以崩塌为主,存在着在特殊不利情况下发生大规模滑移的条件,而且陡崖崩塌后退越多,大规模滑移破坏的可能性越大,也存在双面滑坡和崩塌综合变形破坏的可能。此外,在上述危岩体的东侧崖下近南北向分布的猴子岭斜坡上,堆积有体积170万m³的崩塌块石;在危岩体后上方的崖顶斜坡中,尚有体积 230 万 m³ 的雷劈石滑坡和 2 处顺层蠕滑体(体积各为 1.2 万 m³ 和 0.4 万 m³)。

  危岩体防治的主要目标是改善和提高其稳定性,防止大规模崩塌和整体滑移入江造成阻航与严重碍航等灾害。防治工程在研究了部分开挖清除、水平悬臂抗滑梁、砌体挡墙、抗滑桩、洞室锚固、钻孔锚固、采空区回填、排水等多种方案的基础上,抓住危害性最大的临江 226 万 m³ 的危岩体,针对其变形破坏的主要因素,采用了如下工程措施:对底部煤层采空区做混凝土承重阻滑工程(键),处理面积 6000m²,防止上部危岩体进一步不均匀沉降变形和滑动;对上覆陡崖危岩体和顺层蠕滑体进行预应力锚索加固,其中陡崖部位锚固,采用 1000kN、2000kN、3000kN 共 3 种量级的锚索,上小下大,上防倾倒,下防滑移;对控制层间滑动的软弱夹层,进行混凝土回填加固;对整个陡崖斜坡,进行挂网锚喷;对较大裂缝设置防雨盖板;对雷劈石滑坡进行地表排水处理;对猴子岭斜坡做防冲拦石工程,以防 T0—T6、T7 等缝段陡崖崩石入江危害航运。上述工程大部分已完成,效果较好。根据变形监测资料,变形量大部逐渐变小,有的先出现与长期蠕变方向相反的微量变形后再趋于稳定。承重阻滑工程(键)和锚固(索)工程是链子崖危岩体防治的主体工程。

第四章　土壤剖面调查

土壤调查是野外实地考察与室内分析化验相结合的研究土壤科学的方法。基于土壤的发生、特性与自然成土因素和人为活动的影响，土壤剖面形态又是土壤内部特性的外部表现，野外考察主要是对气候、地形、母质、地下水、地表水、植被等自然成土因素和农业生产活动的调查与研究，以及对土壤剖面形态特征的观察记载，在此基础上勾绘出土壤分布草图，再根据室内对搜集的资料分析和土壤标本理化性质的化验鉴定，对草图进行修正、清绘，同时写出土壤调查报告。

除了这种基础性的土壤调查之外，也有为了某种实用目的而进行的专项调查，如盐碱土区调查、水土流失区调查、荒地资源调查、风沙土区调查和沿海围垦区调查等。这些专项调查只是在基础调查的项目上，再增添一些新的调查内容。土壤调查既是研究土壤科学的重要手段，也是了解并评价土地资源、编制农业区划、进行农田基本建设规划、拟定改土措施和保护土壤资源的重要依据。近年来遥感技术被广泛应用于土壤调查中，此种方法是根据调查地区航片和卫片图像的色调、色彩反差，对照土壤判读标志和典型影像，在室内勾绘出预判草图，再到野外校核，这可大大提高工作效率和调查质量。

第一节　土壤基本知识

一、土壤及土壤肥力

1. 土壤的概念

土壤是历史自然体，是位于地球陆地表面和浅水域底部的具有生命力、生产力的疏松而不均匀的聚积层，是地球系统的组成部分和调控环境质量的中心要素。

2. 土壤肥力的概念

土壤肥力是指在植物生活全过程中，土壤供应和协调植物生长所需的水、养分、气、热的能力。土壤具有肥力是其最本质的特征，是区别于其他事物的标志，是与生物进化同步发展的，可分为自然肥力和人为肥力。土壤肥力的发挥与环境条件、社会经济条件、科学技术条件密切相关。

二、土壤形态及其特征

1. 土壤形态的概念

土壤形态是指土壤和土壤剖面外部形态特征。这些特征是成土过程的反应和外部表现,是推断土壤形成过程、判断土壤发育阶段的依据,也是区别各土类的重要依据。

2. 土壤形态特征

1) 土壤剖面的概念

自地表向下直到土壤母质的垂直切面称为土壤剖面。这些土层大致呈水平状,是土壤成土过程中物质发生淋溶、淀积、迁移和转化形成的。

2) 自然土壤剖面

(1) 土壤发生层。土壤发生层指土壤剖面中与地表大致平行且由成土作用而形成的层次。

1967年国际土壤学会提出土壤剖面划分,自上至下为:有机层(O)、腐殖质层(A)、淋溶层(E)、淀积层(B)、母质层(C)、母岩层(R)。一般将兼有两种主要发生层特征的土层称为过渡层,如 AB 层、BC 层、BA 层、CB 层等,前一个字母代表优势土层(图4-1)。

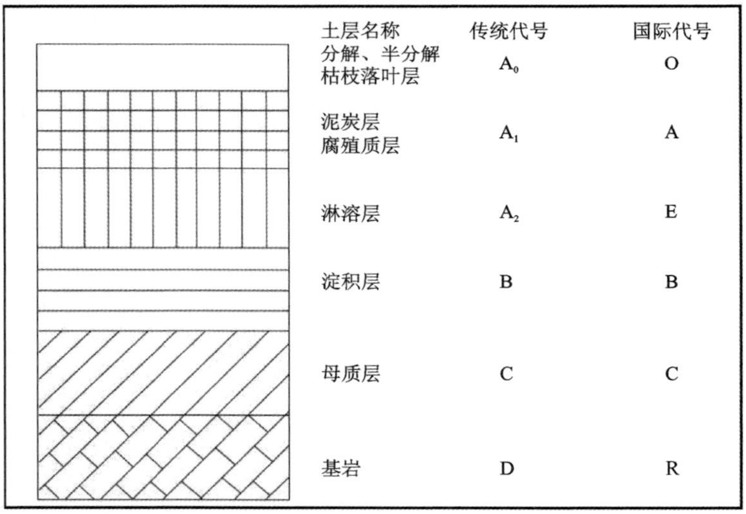

土层名称	传统代号	国际代号
分解、半分解枯枝落叶层	A_0	O
泥炭层腐殖质层	A_1	A
淋溶层	A_2	E
淀积层	B	B
母质层	C	C
基岩	D	R

图 4-1 自然土壤剖面发生层的划分和命名

主要发生层的含义如下:

O 层:以已分解的和未分解的有机质为主的枯枝落叶土层,通常覆盖于矿质土壤的表面,也可埋藏于一定深度。

A 层:形成于表层或位于 O 层之下的矿质发生层。土层中混有有机物质,或具有耕作、放牧或类似的扰动作用。

E 层:硅酸盐黏粒、铁、铝等单独或一起淋失,石英或其他抗风化矿物的砂粒或粉粒相对富集的矿质发生层。

B层:A层或E层之下,具有硅酸盐黏粒、铁、铝、腐殖质、碳酸盐、石膏或硅的淀积层,或**碳酸盐**的淋失,或残余氧化物的富集,或有大量氧化物胶膜,使土壤亮度较上下土层为低,彩度较高,色调发红,或具柱状、块状、棱柱状结构。

C层:母质层;多数是矿质土层,但有机的湖积层和黄土层等也划为C层。

R层:母岩层,即坚质基岩,如花岗岩、玄武岩等。

(2)土壤剖面构型。土壤剖面构型是土壤剖面构造类型的简称,即为土壤发生层次的组合状况。根据土壤发育程度将土壤剖面划分为(A)C、AC、A(B)C、ABC剖面,如图4-2所示。

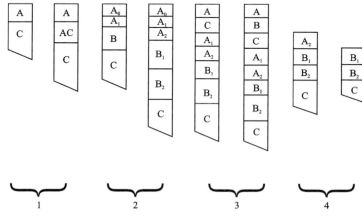

图4-2　土壤剖面构型示意图

1.发育程度很低的土壤剖面;2.发育程度良好的土壤剖面;
3.发育过程受干扰的埋藏土壤剖面;4.受强烈剥蚀的土壤剖面

(3)土壤发生层基本特征。土壤发生层基本特征包括土壤的颜色、质地、结构、结持性、孔隙状况、干湿度、新生体及侵入体等。

颜色:世界上许多土壤类型是按照其颜色来命名的,如红壤、黄壤、黑钙土、栗钙土等。

质地:是指土壤颗粒的大小、粗细及其匹配状况,即土壤的组合特征。按砂粒、粉砂粒和黏粒3种粒级的百分数,可划分为砂土、壤土、黏土3类。

结构:指土壤颗粒黏结状况,土壤中固体颗粒一般相互黏结在一起,形成一定形状和大小的团聚物,称为结构体(片状、柱状、棱柱状、角块状、粒状、团粒状等结构)。

结持性:又称为土壤紧实度,系指土壤对机械应力所表现出来的状态。一般用小刀插入土壤中,视用力的大小来衡量,分为极紧实、紧实、稍紧实、疏松等级别。

孔隙状况:是指土粒之间存在的空间,决定土壤中液气两相的共存状态,并影响土壤养分和温度状况。可分为微孔隙、很细孔隙、细孔隙、中孔隙、粗孔隙、很粗孔隙及少孔隙、中孔隙、多孔隙等级别。

干湿度:反映土壤中水分含量的多少。在野外靠人手对土壤感觉凉湿的程度及用手指压挤土壤是否出水的情况来判断,常分为干、润、潮、湿等级别。

新生体:是指土壤发育过程中物质重新淋溶淀积和聚集而形成的新物质,包括化学起源

(易溶盐类、石膏、碳酸钙、锈斑与铁锰结核)和生物起源(蚯蚓及其他动物的排泄物、蠕虫穴、鼠穴斑、根孔等)两种。

侵入体:指由外界进入土壤的特殊物质(碎石、砾石、瓦片、砖块、玻璃、金属遗物等)。

3)耕作土壤剖面

耕作土壤剖面自上至下为:耕作层(表土层)、犁底层(亚表土层)、心土层(生土层)、底土层(死土层)。各层特征如下:

(1)耕作层(表土层)。属人为表层类,包括灌淤表层,堆垫表层和肥熟表层。土性疏松、结构良好、有机质含量高、颜色较暗、肥力水平较高。

(2)犁底层(亚表土层)。在耕作层之下,土壤呈层片状结构,紧实,腐殖质含量比上层少。

(3)心土层(生土层)。在犁底层之下,受耕作影响小,淀积作用明显,颜色较浅。

(4)底土层(死土层)。几乎未受耕作影响,根系少,土壤未发育,仍保留母质特征。

第二节 秭归耕地土壤类型

根据第二次全国土壤分类原则和命名方法,秭归县土壤分为7个土类、14个亚类、46个土属、194个土种,主要的土种又分为3个变种。现概述全县7个土类、14个亚类和46个土属的特征特性,并分述每个土属中面积较大的两个主要土种。

一、黄壤土类

黄壤是秭归县地带性土壤,广泛分布于海拔800m以下低山丘陵及河谷地区。耕地0.5091万hm^2,占全县耕地总面积的24.05%。秭归县黄壤发育于第四纪黏土和沉积岩、岩浆岩、变质岩风化物中,在中亚热带的湿热条件下,水化作用较强烈,心土层多呈酸性或微酸性,且发生一定程度的富铝化过程。

根据土壤的发育阶段的不同,黄壤续分为黄壤和黄壤性土2个亚类、11个土属。

1. 黄壤亚类

黄壤亚类包括第四纪黏土黄壤、泥质岩黄壤、红砂岩黄壤、石英质岩黄壤、碳酸盐岩黄壤、酸性结晶岩黄壤和中性结晶岩黄壤7个土属,面积0.4115万hm^2,占黄壤土类耕地的80.81%。

1)第四纪黏土黄壤土属

第四纪黏土黄壤发育于第四纪黏土中。耕地面积32hm^2。零星分布于茅坪镇、水田坝镇。土层深厚,剖面层次发育明显,土质较黏,结构不良,水、肥、气、热均不协调,土壤一般呈微酸性至中性。根据质地层次构型不同,划分为4个土种。其中面积较大的土种有如下2个。

(1)大黄土。剖面构型为A—B—C,A层平均厚度14.5cm。生产性能:土层深厚,质地适中,易耕作,保水保肥。

(2)黄泥巴土。剖面构型为A—B—C,A层的平均厚度14.5cm,质地较重。生产性能:土质较黏,耕作困难,适耕期短,土壤通气性差,怕旱易渍,不发小苗。

2) 泥质岩黄壤土属

母质为各个时期的黄色、黄绿色、灰白色砂岩,页岩,泥岩,砂页岩风化物。广泛分布于全县海拔800m以下地区。耕地0.3144万hm²,占总耕地面积的14.85%。包括14个土种,其中,黄皮砂土、中层黄皮砂土具典型性,其特征如下:

(1)黄皮砂土。分布于归州镇、郭家坝镇。土体构型A—C,A层平均厚度12.5cm,质地为砂壤或砾质砂壤。生产性能:土质砂性,极易耕作,适耕期长,通透性良好,保水保肥性能差,土壤养分含量低,极怕旱,施肥见效快。

(2)中层黄皮砂土。土体构型A—C—D,土体厚度30~60cm,A层平均厚度16cm。

3) 红砂岩黄壤土属

红砂岩黄壤发育于白垩纪红色砂岩、砾岩风化物中。土壤熟化程度低,质地粗,红火石渣子土砾石较多。耕地面积61hm²,占总耕地面积的0.29%。本土属有2个土种。

(1)红油砂土。剖面构型A—C。生产性能:土壤质地轻,松散,通气爽水,施肥见效快,肥效短,后劲差,作物易早衰。

(2)红火石渣子土。剖面构型A—C,A层平均厚度17.3cm。生产性能:土壤砾石多,耕作费力,跑水跑肥,肥力低,极怕旱,水土流失严重,应退耕还林。

4) 石英质岩黄壤土属

成土母质为石英砂岩风化物。耕地面积23hm²,占总耕地面积的0.11%。分布于周坪乡。土壤剖面层次分化较明显,呈中性反应,质地粗,砾石含量较高。因地形影响,土层厚度有差异。分为3个土种,其中,白石砂土、中层白石渣子土具典型性,其特征如下:

(1)白石砂土。剖面构型为A—B—C,A层平均厚度18cm。

(2)中层白石渣子土。剖面构型为A—C—D。生产性能:土壤砾石多,耕作费力,坏农具。漏水漏肥、怕旱,土壤肥力低。

5) 碳酸盐岩黄壤土属

成土母质为石灰岩及钙质砂页岩分化物。由于亚热带生物气候条件的作用,成土过程中淋溶作用强烈,钙盐大量淋失,表层土壤呈微酸性或接近中性,全剖面无石灰反应。耕地331hm²,占总耕地面积的1.56%。主要分布于周坪镇、茅坪镇。本土属有5种,其中黄泥土和黄稀土具典型性,其特征如下:

(1)黄泥土。剖面构型A—B—C,A层平均厚度17.7cm。生产性能:土壤质地适中,耕作较容易,保水保肥,肥劲平稳。

(2)黄糯土。剖面构型A—B—C,A层平均厚度18.2cm。生产性能:土壤质地较黏,顶铧跳犁,耕作困难,土壤通透性能较差,怕渍,保肥性强,肥劲平稳持久,养分含量高。

6) 酸性结晶岩黄壤土属

成土母质为前震旦系花岗岩、片麻岩风化物。母岩易物理风化,土壤含石英多,剖面层次不完整,剖面构型A—C,土壤微酸性反应,肥力低,除速效磷以外,有机质、碱解氮、速效钾养分含量都低,本土属共有6个土种,耕地65hm²,占总耕地面积的0.31%。分布于茅坪镇,其中,中层桃花粗砂土、桃花油细砂土具典型性,其特征如下:

(1)中层桃花粗砂土。土层厚度30~60cm,剖面构型A—C—D,A层厚度18.7cm。生产性能：土壤含粗砂颗粒多，土体疏松，耕作管理极为省力，通气漏水，极怕旱，土壤贫瘠，作物产量低。

（2）桃花油细砂土。剖面构型 A—B—C，A 层平均厚 20cm。生产性能：土壤疏松，干湿均易耕作，通气爽水，耐渍，保水保肥性一般，土壤养分除速效磷外都低，施肥见效快，肥劲猛而短，易发小苗。

7）中性结晶岩黄壤土属

耕地 458hm²，占总耕地面积的 2.16％。全部分布于茅坪镇及良种场。成土母质为前震旦系闪长岩风化物，母岩易风化。根据 A 层质地和土层厚度差异划分为 11 个土种，其中，细古眼砂土、古眼砂土具典型性，其特征如下：

（1）细古眼砂土。坡面构型为 A—C_1—C_2，A 层平均厚度 17.9cm。生产性能：土壤砾石碎屑较多，较易耕作，通透性好，保水保肥性差，耐渍怕旱，漏水漏肥，土壤肥力低。

（2）古眼砂土。坡面构型为 A—C，A 层平均厚 15cm。生产性能：土壤砾石较多，通透性好，耐渍怕旱，漏水漏肥，土壤贫瘠，作物产量低。

2. 黄壤性土亚类

黄壤性土一般位于易受严重侵蚀的地形部位，土壤发育程度较差，土层浅薄，厚度小于 30cm，砾石含量高，剖面发育层次不完整，剖面构型 A—C—D。黄壤性土受母质的影响很大，根据成土母质不同，本亚类划分为 4 个土属，耕地 976hm²，占总耕地面积的 4.6％。

1）泥质岩黄壤性土土属

耕地 392hm²，占总耕地面积的 1.85％。本土属根据 A 层质地不同，划分为 5 个土种。其中面积最大的两个土种为薄层黄扁石砂土和薄层黄石渣子土。

（1）薄层黄扁石砂土。A 层平均厚 19cm。生产性能：土壤砾石较多，耕作较易，漏水漏肥，极怕干旱。

（2）薄层黄石渣子土。A 层平均厚 12.5cm，重砾石土质地。生产性能：土壤砾石较多，养分贫瘠，极怕干旱，水土流失严重。

2）石英岩黄壤性土土属

本土属仅有薄层白石渣子土 1 个土种。分布于周坪乡，耕地 53hm²，占总耕地面积的 0.25％。生产性能：土壤砾石较多，漏水漏肥，极怕旱，土壤贫瘠作物产量很低。

3）酸性结晶岩黄壤性土土属

本土属分布于茅坪镇片岩、片麻岩地区，共有 2 个土种。耕地 12hm²。

（1）薄层桃花油砂土。A 层平均厚 16cm。生产性能：土壤质地较轻，好耕地，通气透水，保水保肥性能一般，施肥见效快，肥效短，后期易早衰。

（2）薄层桃花石砂土。生产性能：土壤砾石碎屑较多，漏水漏肥，极怕旱。

4）结晶岩黄壤性土土属

本土属分布于茅坪镇闪长岩地区，共有 6 个土种。耕地 518hm²，占总耕地面积的 2.45％。其中耕地面积最大的两个土种为薄层细古眼砂土和薄层古眼砂土。

（1）薄层细古眼砂土。剖面构型 A—D。A 层平均厚 16.4cm。生产性能：土壤砾石碎屑多，碱解氮和速效钾含量较低，漏水漏肥，怕干旱，土壤贫瘠，作物产量低。

(2)薄层古眼砂土。土层最厚 28cm,最薄仅 10cm。剖面构型 A—D,A 层平均厚 13.1cm。生产性能:土壤砾石多,漏水漏肥,极怕旱,土壤养分含量极低,绝大部分面积有中度或强度侵蚀,不易继续作农田。

二、黄棕壤

黄棕壤是我国北亚热带地区的地带性土壤。在秭归山地垂直带谱中,黄棕壤分布于黄壤之上,棕壤之下,位于海拔 800～1800m 的地区,表现出明显的过渡特征。

在土壤的形成发育过程中,剖面心土层多呈黄绿色或红棕色,质地较黏重,棱柱状或块状结构,剖面中常有铁锰胶膜出现,有的有铁锰结核淀积。表土层有机质含量比黄壤显著增多,土壤肥力也较黄壤高,呈微酸性至中性。

耕作土壤 0.424 5 万 hm²,占总耕地面积的 20.05%,是秭归县主要旱作物土壤类型之一,广泛分布于全县半高山和高山,为秭归县的经济林和用材林的主要土壤类型之一。

根据土壤发育程度,续分为 2 个亚类,6 个土属。

1. 山地黄棕壤亚类

山地黄棕壤具有黄棕壤的一般特征,包括 4 个土属,耕地 0.414 4 万 hm²,占总耕地面积的 19.57%,广泛分布于全县半高山、高山地区。

1)泥质岩山地黄棕壤土属

成土母质为砂岩、页岩、泥岩、砂页岩分化物。耕地面积 0.192 4 万 hm²,占总耕地面积的 9.09%。包括 14 个土种,广泛分布于全县海拔 800～1800m 的地区。其中耕地面积最大的土种为扁石砂土和大土。

(1)扁石砂土。剖面构型 A—B—C,A 层平均厚 18.8cm。占全县林荒地面积的 3.55%,剖面构型 A—C—D。A 层平均厚 16.3cm。生产性能:土壤砾石较多,通透性一般,保水保肥性较差,水土流失比较严重,土壤养分较低。

(2)大土。为秭归县主要旱地土种之一。剖面构型 A—B—C,A 层平均厚 17cm。生产性能:土壤质地适中,具有良好团粒结构,易耕作,肥劲平缓,农作物生长稳健。因气候温凉,土温低,有机质分解缓慢,易积累,速效养分除速效磷外均较高,该土种为高山地区主要当家耕作土种之一。

2)红砂岩山地黄棕壤土属

成土母岩为白垩系红色砂岩、砂砾岩风化物。耕地 201hm²,占总耕地面积的 0.95%。根据 A 层质地不同,划分为 3 个土种。其中耕地面积较大的土种为朱石骨子土和朱石渣子土。

(1)朱石骨子土。剖面构型 A—B—C,A 层平均厚 16.5cm。生产性能:土壤砾石含量较多,保水保肥性差。

(2)朱石渣子土。剖面构型 A—C,A 层平均厚 15.6cm。生产性能:土壤砾石较多,耕作费力,作物不易全苗,保水保肥性差,土壤养分含量低。

3)石英岩山地黄棕壤土属

成土母质为石英砂岩分化物。耕地 4hm²。仅有 1 个土种。

石英渣子土。剖面构型 A—B—C，A 层平均厚 17.3cm。生产性能：土壤砾石多，耕作费力，作物扎根难，土壤养分含量低。

4）碳酸盐岩山地黄棕壤土属

成土母质为石灰岩、泥灰岩及砂页岩风化物。土壤发育形成过程中，由于雨量充沛，淋溶作用强烈，碳酸钙大量淋失，土壤无石灰反应，表土层 pH 值小于 7.0。本土属包括 10 个土种，耕地 0.2014 万 hm^2，占总耕地面积的 9.51%。其中耕地面积最大的土种为白善大土和青石砂土。

(1) 白善大土。为秭归县主要旱作土壤之一。剖面构型 A—B—C，A 层平均厚 16.2cm。该土种土层深厚，为高山地区发展林业生产的最理想土壤资源之一。该土的潜在养分高。

(2) 青石砂土。剖面构型 A—B—C，A 层平均厚 16.5cm。生产性能：土壤砾石含量较多，耕作较难，通透性好，不保水保肥，土壤肥力一般。

2. 黄棕壤性土亚类

黄棕壤性土主要分布于侵蚀严重的地形部位，土壤熟化程度低，剖面发育不完整，构型 A—C—D 或 A—D，土层小于 30cm，土壤砾石多，耕地 $101hm^2$，占总耕地面积的 0.47%。本亚类续分为 2 个土属。

1）泥质岩山地黄棕壤性土土属

根据 A 层质地，本土属划分 5 个土种。耕地 $93hm^2$，占总耕地面积的 0.44%。主要分布于桑坪、周坪、磨坪等镇。其中耕地面积最大的土种为薄层面砂土和薄层扁石砂土。

(1) 薄层面砂土。土层厚度 15～28cm，剖面构型 A—C—D，A 层平均厚 15cm。生产性能：土壤通气透水性好，耐渍怕旱，施肥易见效，但肥效短，土质松散，雨停即可耕作。

(2) 薄层扁石砂土。剖面构型 A—C—D，A 层平均厚 14cm，轻砾石土质地。土层厚 21cm。生产性能：土壤砾石极多，土层浅薄，肥力低，不保水，不保肥。

2）红砂岩山地黄棕壤性土土属

本土属仅有薄层朱石骨子土 1 个土种。耕地 $8hm^2$，占总耕地面积的 0.03%。剖面构型 A—D。A 层平均厚 15cm。生产性能：该土壤土层极薄，水土流失严重，土壤砾石含量较多，肥力低，自然植被生长缓慢。

三、棕壤

棕壤为秭归县海拔 1800m 以上地区的地带性土壤，在山地垂直带谱中，位于黄棕壤之上。腐殖质积累较多，淋溶作用较强，土壤剖面层次发育明显，心土层多呈鲜橙色。

棕壤在秭归县仅山地棕壤 1 个亚类，耕地 $20hm^2$，占总耕地面积的 0.09%。

山地棕壤亚类

泥质岩山地棕壤土属

成土母质为泥质岩坡残积物。由于高山气候寒冷，生物残留物分解慢，积累多，土壤养分含量较高，在明显的冻凌作用下，表土层泡松，土层较厚。

本土属仅冷性灰包土1个土种。耕地20hm²,占总耕地面积的0.09%。剖面构型A—B—C,A层平均厚21cm。生产性能:土壤质地适中,结构良好,松泡易耕。保水保肥性较好,土壤养分高。因处于高海拔地区,光照短,土温非常低,不利于农作物生长。

四、石灰土

石灰土主要分布在石灰岩地区,发育于石灰岩、白云岩、泥灰岩以及钙质砂页岩风化物中。土层中残留一定数量的碳酸钙,砾石含量较多,剖面各层次呈不均质的石灰反应。pH值较同一母质发育的地带性土壤高一级,呈中性至碱性。

耕地0.9095万hm²,占总耕地面积的30.5%,为全县主要土壤类型之一。在溶洼槽地的石灰土,养分丰富,肥力较高,质地黏重,因富含钙质与有机质,容易形成团粒或粒状结构。土壤通气透水,保水保肥性强,供肥性较好,回润力强、能抗旱,而且宜种性较广,增产潜力较大。本来石灰岩地区裸岩较广,又因过量砍伐、铲草批、烧荒,致使自然植被日益稀疏,成林面积减少。

棕色石灰土亚类

棕色石灰土,属中间型亚类,耕地6249hm²,占总耕地面积的25.5%。土壤发育过程较长,土壤中碳酸盐的淋溶淀积作用较强,因而A层pH值一般在7.0以上,土体中有不均质的石灰反应,本亚类只有1个土属。

棕色石灰土土属

具有棕色石灰土的一般特性,本土属共有26个土种。其中耕地面积较大的2个土种为岩大土和岩糯土。

(1)岩大土。为秭归县较好的旱作土壤之一。剖面构型A—B—C,A层平均厚21.3cm。是全县较好的耕地土壤类型之一。生产性能:土壤质地适中,耕性较好,土壤肥沃,耕层养分较丰富,肥效持久,有后劲,不易早衰,通透性稍差,保水保肥性好,增产潜力大。

(2)岩糯土。是秭归县主要旱作土壤之一。剖面构型A—B—C,A层平均厚18.1cm,全剖面无石灰反应。生产性能:土质较黏,耕性不良,通气透水性差,易渍水。保肥性强,有机质含量高,养分释放缓慢,速效氮、磷含量低,后劲足,发老苗。

五、紫色土

紫色土发育于侏罗系的紫红色砂页岩及白垩系有石灰反应的红色砂岩、砂砾岩风化物中。紫色土耕地0.2584万hm²,占总耕地面积的12.2%。主要分布于长江宽谷和县西北部,绝大部分土壤位于海拔1000m以下水热条件优越的低山、半高山,是发展粮、特、林生产的主要土壤类型之一。本县紫色土续分为3个亚类,6个土属,32个土种。

1.酸性紫色土亚类

1)酸性紫渣子土土属

本土属包括3个土种,耕地70hm²,占总耕地面积的0.32%。主要分布于水田坝乡、郭家坝镇等乡镇。其中耕地面积较大的2个土种为酸性红砂骨子土和酸性红石骨子土。

(1)酸性红砂骨子土。剖面构型A—B—C,A层平均厚14.7cm。表土层或心土层有铁锰结核和锈纹锈斑。生产性能:土壤砾石多,结构差,耕性一般,通气透水,不保水,不保肥,土壤熟化程度差,肥力水平较低。

(2)酸性红石骨子土。剖面构型A—C,A层平均厚17cm,C层47cm,土层厚64cm,64cm以下是母岩。A层质地中砾石土。A层平均厚15.2cm。生产性能:与酸性红砂骨子土相似。

2)酸性紫泥土土属

本土属包括4个土种,耕地19hm²,占总耕地面积的0.08%。其中耕地面积较大的2个土种为酸性红大土和中层酸性红糯土。

(1)酸性红大土。剖面构型A—B—C,A层平均厚17cm。质地多砾质中壤。生产性能:土壤质地适中,耕性较好,保水保肥性一般,土壤肥力较高,宜种性较广。

(2)中层酸性红糯土。土层厚度30~60cm,A层平均厚11.5cm,中砾石重壤质地。生产性能:质地黏重,结构不良,通透性差,怕渍怕旱。

2. 中性紫色土亚类

在土壤的形成过程中,因钙质大量淋失,使土壤的pH值为6.5~7.5,全剖面无石灰反应。

本亚类耕地0.175 6hm²,占总耕地面积的8.29%,包括2个土属。

1)中性紫渣土土属

本土属的主要特征是:砾石含量高,剖面层次发育不完整,土壤熟化程度低,养分贫乏,耕地0.102 4万hm²,占总耕地面积的4.82%。分布于郭家坝、两河口、梅家河、归州等乡镇。该土属含有8个土种,其中耕地面积较大的2个土种为红砂骨子土和红石骨子土。

(1)红砂骨子土。剖面构型A—B—C,A层平均厚16.7cm,轻砾石土质地。生产性能:土壤砾石含量较多,通气透水性好,保水保肥性差,不耐干旱,土壤肥力低。

(2)红石骨子土。剖面构型A—C,A层平均厚13.4cm。生产性能:土壤砾石含量高,耕作较难,漏水漏肥,怕旱,耕层浅,肥力低,宜种耐旱耐瘠品种。

2)中性紫泥土土属

本土属土壤熟化程度较好,肥力较高,是低山、半高山较好的旱作土壤类型之一。耕地面积735hm²,占总耕地面积的3.47%,包括5个土种,其中耕地面积较大的2个土种为红砂土和红大土。

(1)红砂土。剖面构型A—B—C,A层平均厚16.6cm,质地轻壤,养分含量一般。生产性能:土壤质地轻,易耕作,通气透水,保水保肥性能一般,养分含量中等,施肥易见效,但肥效短,施肥应少量多次,要注意巧施穗肥。

(2)红大土。是较好的旱作土壤类型之一。剖面构型A—B—C,A层平均厚15.2cm,中壤质地。是秭归县较好的耕地土壤类型之一,A层平均厚14.3cm,中壤质地。生产性能:土壤质地适中,耕性较好,通气透水一般,保水保肥性较好,土壤肥力较高,有后劲。

3. 灰紫色土亚类

土壤发育于富含钙质的紫红色砂页岩,以及白垩系红色砂岩、砂砾岩风化物中。由于培肥熟化过程短,淋溶作用较弱,钙盐淋失少,致使土壤呈微碱性至碱性,有石灰反应。耕地面积739hm²,占总耕地面积的3.47%。本亚类续分为2个土属,11个土种。

1)灰紫渣土土属

灰紫渣土耕地521hm²,占总耕地面积的2.46%,包括7个土种。其中耕地面积较大的2个土种为灰红砂骨子土和灰红石骨子土。

(1)灰红砂骨子土。剖面构型A—B—C,A层平均厚15cm,轻砾石土质地。生产性能:土壤砾石较多,耕作较难,通气透水,漏水漏肥,不耐旱,土壤熟化差,肥力很低,土壤碱性较强,宜种红薯、花生、豆类等。

(2)灰红石骨子土。剖面构型A—C,A层平均厚17cm,质地中砾石土。生产性能:土壤砾石含量较多,熟化差,漏水漏肥,怕旱,肥力较低,土壤呈碱性,应种耐碱作物。

2)灰紫泥土土属

本土属具有灰紫色土一般的特性,较之灰紫渣子,土壤熟化程度较好,肥力较高,质地适宜,是较好的耕地土壤之一。

本土属包括4个土种,耕地218hm²,占总耕地面积的1.03%,其中耕地面积较大的2个土种为灰红砂土和灰红大土。

(1)灰红砂土。剖面构型A—B—C,A层平均厚15.8cm。生产性能:土质轻,耕性好,通气透水,保水保肥一般,施肥易见效,但肥效短,一次施肥不能过多,作物生长后期往往因缺肥而早衰。

(2)灰红大土。剖面构型A—B—C,A层平均厚17.1cm。生产性能:土壤质地比较适中,耕性一般,通气透水性较好,保水保肥一般,肥力有后劲,不易早衰,石灰反应强烈,对作物选择性强。

六、潮土

潮土耕地106hm²,占总耕地面积的0.5%。

潮土发育于近代河流冲积物中,由于冲积物来源广泛,河水涨落作用强弱不一,因此,潮土不仅具有明显的二元结构,且肥力较高。

秭归县潮土分布在长江两岸和各主要溪河之滨,水源方便,地势平缓,光热充足,不少潮土耕地已成为良田,乱石滩面积已很少。秭归县只有灰潮土1个亚类,2个土属,5个土种。

灰潮土亚类

灰潮土发育于富含钙质的河流冲积物中,成土培肥时间短,钙盐对土壤影响深刻,致使土壤呈碱性。本亚系包括2个土属。

1)砂土型灰潮土土属

砂土型灰潮土除具有灰潮土一般性质外,其显著特点是:改土培肥时间短,肥力低,质地砂,母质对土壤的理化性质影响深刻。

本土属耕地 29hm², 占总耕地面积的 0.13%, 包括 2 个土种。

(1)灰响砂土。剖面构型 A—C, A 层平均厚 18.8cm, 质地砂土。生产性能: 土质砂, 耕作容易, 通气透水性好, 漏水漏肥严重, 施肥容易见效, 肥效极短, 发小苗, 不发老苗。

(2)灰砂土。剖面构型 A—C, A 层平均厚 19.3cm。生产性能: 土质砂, 耕作容易, 通气透水性好, 漏水漏肥严重, 施肥容易见效, 肥效极短, 发小苗, 不发老苗。

2)壤土型灰潮土土属

壤土型灰潮土, 改良培肥时间长, 土壤熟化较好, 肥力较高, 是较好的旱作土壤类型之一, 因 pH 值较高, 对作物选择性较强。

本土属耕地 71hm², 占总耕地面积的 0.36%。包括 3 个土种。耕地面积较大的 2 个土种为灰糠砂土和灰糠大土。

(1)灰糠砂土。剖面构型 A—B—C, A 层平均厚 14.1cm, 质地轻壤。生产性能: 土壤质地较轻, 易耕作, 通气透水性好, 养分含量较高, 施肥易见效, 但肥效短。

(2)灰糠大土。剖面构型 A—C, A 层平均厚 18cm, 质地中壤。生产性能: 土壤呈碱性, 对作物选择性严格, 质地适中, 耕作较容易, 通气透水性能一般, 保水保肥好, 肥劲足, 不易早衰。

七、水稻土

水稻土是人们在长期的水耕熟化, 氧化还原、淋溶淀积, 成土过程的作用下, 逐渐发育形成的一种特殊性质的土壤。它的性状特征深受水型影响, 因而划分为淹育型、潴育型、潜育型、沼泽型亚类, 19 个土属, 38 个土种。

本土属耕地 0.284 2 万 hm², 占总耕地面积的 13.42%, 主要位于海拔 1000m 以下的低山、半高山, 各个乡镇均有分布。

1. 淹育型水稻土亚类

因缺乏水源, 或形成时间短, 水稻土的发育主要是受地表水的影响。水耕熟化程度低, 耕作层浅, 活土层薄, 剖面构型 A—P—C 或 A—C, 淹育型水稻土一般系水源缺乏, 无灌溉条件的旱塝水田。全县耕地面积 245hm², 占总耕地面积的 1.16%, 包括 6 个土属。

1)浅黄壤性泥质岩泥田土属

本土属只有浅黄大土田 1 个土种。面积 18hm², 占总耕地面积的 0.08%。分布于沙镇溪、梅家河、郭家坝等乡镇。剖面构型 A—P—C, A 层平均厚 13.3cm, 质地中壤。生产性能: 活土层浅薄, 砾石层部位高, 水肥容易渗漏, 抗旱能力差, 土壤质地适中, 耕作容易。

2)浅黄壤性中性结晶岩泥田土属

本土属耕地面积 95hm², 占总耕地面积的 0.44%。包括 2 个土种, 主要分布于茅坪镇。

(1)浅细沙田。剖面构型 A—C, A 层平均厚 14.2cm, 质地砂壤。生产性能: 土质砂性, 干湿易耕, 适耕期长, 通透性好, 水肥渗漏快, 施肥易见效, 肥效短, 后劲不足, 作物易早衰。

(2)浅白山砂田。坡面构型 A—P—C, A 层平均厚 15.3cm, 质地轻壤。生产性能: 土质轻,易耕作,通气透水性好,保水保肥性差,施肥见效快,肥效短,后期常脱肥,致使作物早衰。

3)浅黄棕壤性泥质岩泥田土属

本土属只有浅大土田1个土种。面积18hm²。剖面构型A—P—C,A层平均厚14.0cm,质地中壤。生产性能:活土层浅薄,砾石土部位高,水肥容易渗漏,A层质地适中,耕性较好,适耕期较长。

4)浅紫泥田土属

本土属仅浅红大土田1个土种,面积极少。剖面构型A—P—C,A层平均厚12.7cm,质地中壤。生产性能:土壤质地适中,耕作较易,通透性、保水保肥性较好,供肥能力较强,施肥后增产效果明显,无灌溉水源。

5)浅灰紫泥田土属

发育于灰紫色土中,耕层有石灰反应,耕地面积17hm²。本土属仅有浅红大土田1个土种。剖面构型A—P—C,A层平均厚14.7cm,质地中壤。生产性能:土壤质地适中,耕性较好,保水保肥,供肥能力较强,肥劲平稳,发小苗也发老苗。

6)浅灰潮土田土属

发育于灰潮土母质中,耕层有石灰反应。本土属包括2个土种,面积99hm²。占总耕地面积的0.45%。

(1)浅灰卵石田。剖面构型A—P—C,A层平均厚13.6cm。生产性能:耕层浅,砾石多,漏水漏肥严重,水源充足,灌溉方便,排水一般。

(2)浅灰漏砂田。剖面构型A—C,A层平均厚13.3cm,质地为中壤。

2. 潴育型水稻土亚类

潴育型水稻土是具有潴育层的一类水田土壤,水耕熟化程度高,水、肥、气、热比较协调,农业的增产潜力大。

耕地面积为0.259 6万hm²,占总耕地面积的12.26%。主要分布于冲垄、坪、坝等水源充足及排灌条件好的地方。按发育的母质类型,续分为11个土属。

1)黄壤性第四纪黏土泥田土属

发育于第四纪的黏土黄壤中,仅有黄泥巴田1个土种,面积3hm²,分布于水田坝乡。剖面构型A—P—W—B—C,A层平均厚14.5cm,质地重壤。生产性能:土质较黏重,耕作困难,适耕期很短,土壤板结,通透性差,保水保肥性好,肥效缓慢,后劲足,发老苗。

2)黄壤性泥质岩泥田土属

成土母质为泥质岩风化物,面积608hm²,占总耕地面积的2.87%。共4个土种。广泛分布于全县海拔800m以下地区。其中耕地面积较大的2个土种为黄大土田和黄膏泥田。

(1)黄大土田。剖面构型A—B—C,A层平均厚13.6cm,质地中壤。生产性能:土壤质地适中,耕作方便,适耕期较长,通气透水性能较差,保水保肥性能一般,发小苗,亦发老苗。

(2)黄膏泥田。剖面构型A—P—W—B,A层平均厚13.4cm,质地重壤。生产性能:土质较黏重,耕作费力,适耕期短;耕层浅,结构差,熟化程度低;通气透水性能极差,保水保肥性较好,施肥见效慢,肥效长,后劲足,易发老苗。

3) 黄壤性红砂岩泥田土属

本土属只有红卵石渣子田 1 个土种。面积 10hm²,主要分布于周坪乡。剖面构型 A—P—W—C,A 层平均厚 19.5cm,质地为轻砾石土。生产性能:耕层砾石较多,耕作管理困难,土壤熟化差,肥力低。

4) 黄壤性酸性结晶岩泥田土属

本土属仅有桃花油砂田 1 个土种,面积 16hm²,主要分布于三闾、茅坪镇。剖面构型 A—P—W—B,A 层平均厚 10.6cm,质地轻壤。生产性能:土壤质地轻,好耕作,适耕期较长,通透性能好,保水保肥性能较差,施肥见效快,肥效短,后劲不足。

5) 黄壤性中性结晶岩泥田土属

本土属包括 3 个土种,面积 536hm²,占总耕地面积的 2.53%。主要分布于茅坪镇,白山砂田和面黄大土田为本土属 2 个耕地面积较大的土种。

(1) 白山砂田。剖面构型 A—B—C,A 层平均厚 14.8cm,质地轻壤。生产性能:土质轻,易耕作,散坯性好,整田省力,通透性好,保水保肥性稍差,养分含量中等,施肥见效快,但肥效短,后期常脱肥早衰。

(2) 面黄大土田。剖面构型 A—B—C,A 层平均厚 14.5cm,质地中壤。生产性能:土壤质地适中,耕作较易,施耕期较短,通透性稍差,保水保肥性一般,氮磷较高,钾素贫乏,施肥见效快。

6) 黄棕壤性泥质岩泥田土属

成土母质为泥质岩风化物发育的黄棕壤。主要分布于 800~1000m 的地方,包括 3 个土种,面积 129hm²。占总耕地面积的 0.66%。其中耕地面积较大的 2 个土种为面砂田和大土田。

(1) 面砂田。分布于泄滩、磨坪、郭家坝等乡镇。剖面构型 A—P—W—C,A 层平均厚 12.5cm,质地为轻壤。生产性能:土壤质地轻,易耕作,适耕期较长,干湿好耕,通透性能好,保水保肥性稍差,施肥见效快,后期易脱肥。

(2) 大土田。剖面构型 A—B—C,A 层平均厚 14.4cm,质地中壤。生产性能:要抢晴播种,注意土宜、时宜,因该土通透性差,因而保水保肥性好,施肥后见效较慢,能耐肥,后劲足,发老苗。

7) 黄棕壤性碳酸盐岩泥土属

本土属只有 1 个土种,即白山大土田。面积 24hm²,占总耕地面积的 0.11%。剖面构型 A—P—W—B,A 层平均厚 13.4cm,质地中壤。生产性能:土壤质地适中,耕作较易,适耕期较长,保水保肥性一般,施肥后见效较快。

8) 紫泥田土属

本土属面积 939hm²,占总耕地面积的 4.43%。主要分布于县西北部地区,包括 4 个土种。其中面积较大的 2 个土种为红砂田和红大土田。

(1) 红砂田。剖面构型 A—B—C,A 层平均厚 13.5cm,质地轻壤。生产性能:土壤质地轻,好耕好肥,散坯好,适耕期长,通气透水好,保水保肥性能一般,施肥见效快,肥效短,后期易脱肥早衰,产量不高。

(2)红大土田。广泛分布于紫色岩地区。剖面构型 A—P—W—B—C,A 层平均厚 13.5cm,质地中壤。生产性能:土壤比较板结,疙瘩大,散坯不好,适耕期较短,通气透水性较差,保水保肥能力强,肥劲平稳。

9)灰紫泥田土属

发育于石灰反应的灰紫色土,面积 193hm²,占总耕地面积的 0.9%。主要分布于有石灰反应的紫色岩地区,共有 3 个土种。

(1)灰红大土田。剖面构型 A—B—C,A 层平均厚 13.3cm,质地中壤。生产性能:土壤质地适中,耕作方便,适耕期较长,通透性较差,保水保肥性中等,肥力平稳。

(2)灰红糯土田。剖面构型 A—P—W—B,A 层平均厚 12.0cm,质地重壤。生产性能:土壤较黏重,耕作困难,适耕期极短,改良耕层质地与结构,提高土壤肥力。

10)石灰土水田土属

由石灰土发育而成,主要分布于石灰岩地区,面积 147hm²,占总耕地面积的 0.69%。共有 4 个土种。

(1)石灰大土田。剖面构型 A—B—C,A 层平均厚 14.3cm,质地中壤。生产性能:土壤质地适中,耕作较方便,适耕期较长,通气透水性能一般,保水保肥,施肥见效较快,增产效果比较明显。

(2)石灰糯土田。广泛分布于棕色石灰土地区。剖面构型 A—P—W—B,A 层平均厚 13.6cm,质地重壤。生产性能:土质较黏重,耕作困难,适耕期极短,通气透水性极差,保水保肥一般,施肥见效慢,能耐肥,后劲足。

11)灰潮土田土属

发育于灰潮土母质,主要分布于山洪常年淤积淹漫的溪河沿岸。面积 14hm²,占总耕地面积的 0.06%。包括 2 个土种。

(1)灰油砂田。剖面构型 A—B—C,A 层平均厚 14.1cm,质地轻壤,有强烈石灰反应。生产性能:土壤质地轻,干湿好耕,适耕期长,通透性好,保水保肥性稍差,施肥见效快,肥效短,后劲不足。

(2)灰正土田。剖面构型 A—B—C,A 层平均厚 14.1cm,质地中壤,pH 值为 7.6~8.0,有较强石灰反应。生产性能:土壤质地适中,好耕作,适耕期较长,50cm 以下为中砾石土,故保水保肥性稍差,保肥供肥能力减弱。

3. 潜育型水稻土亚类

水稻土潜育层形成的原因有两种:一是长期冬泡,或者双冬季长期连作而排水良;二是地下水位高,主要分布于冲垄及有泉眼的地方,面积 10hm²。

本亚类仅有青泥田 1 个土属:青泥田土属。面积 10hm²,主要分布于茅坪、陈家坝等乡镇。剖面构型 A—P—G,A 层平均厚 11.3cm。生产性能:长期冬泡,泥温低,泥脚深,冷浸不发苗,有机质分解缓慢,速效磷、钾含量低,施肥后见效慢,增产效果不明显。

4. 沼泽型水稻土亚类

地下水位高,土壤常年渍水而糊烂,G层出现部位高,剖面构型A—G。本亚类只有1个土属,即冷泉眼田土属。该土属仅有冷泉田1个土种。面积18hm²。剖面构型A—G,A层平均厚18.5cm,质地为重壤。生产性能:烂泥糊,难耕作,泥温低,转青发蔸慢,生理病害较重。施肥后增产效果不明显,水稻产量很低。

第三节 野外工作方法

一、土壤采样的具体方法步骤

1. 布点

按照土壤类型和作物种植品种分布,按土壤肥力高、中、低分别采样。一般150~300亩(不同地区可根据情况确定)采取一个耕层混合样,每个示范村的主要农作土种至少采集3~4个混合农化土样。采样点以锯齿形或蛇形分布,要做到尽量均匀和随机。应用土壤底图确定采样地块和采样点,并在图上标出,确定调查采样路线和方案。

2. 采样部位和深度

根据耕层厚度,确定采样深度,一般取样深度为0~20cm。

3. 采样季节和时间

骨干农化土样采集地点及时间,尽量与第二次土壤普查时的土壤骨干农化样所代表的土壤区域一致,以便比较土壤养分前后的变化。如无法查知第二次土壤普查采集时间的,则统一在秋收后冬播施肥前采集。

4. 采样方法、数量

农化土样采用多点混合土样采集方法,每个混合农化土样由20个样点组成。样点分布范围不少于3亩(各地可根据情况确定)。每个点的取土深度及质量应均匀一致,土样上层和下层的比例也要相同。采样器应垂直于地面,入土至规定的深度。采样使用不锈钢、木、竹或塑料器具。样品处理、储存等过程不要接触金属器具和橡胶制品,以防污染。

每个混合样品一般取1kg左右,如果采集样品太多,可用"四分法"弃去多余土壤。

5. 样品编号和档案纪录

做好采样记录:土样编号、采样地点及经纬度、土壤名称、采样深度、前茬作物及产量、采样日期、采样人等。

二、土壤剖面的野外观察

1. 选择土壤剖面点

选择原则:

(1)要有比较稳定的土壤发育条件,即具备有利于该土壤主要特征发育的环境,通常要求小地形平坦和稳定,在一定范围内土壤剖面具有代表性。

(2)不宜在路旁、住宅四周、沟附近、粪坑附近等受人为扰动很大而没有代表性的地方挖掘剖面。

2. 土壤剖面的挖掘

土壤剖面一般在野外选择典型地段挖掘,剖面大小自然土壤要求长2m、宽1m、深2m(或达到地下水层),土层薄的土壤要求挖到基岩,一般耕种土壤长1.5m、宽0.8m、深1m。

挖掘剖面时应注意下列几点:

(1)剖面的观察面要垂直并向阳,便于观察。

(2)挖掘的表土和底土应分别堆在土坑的两侧,不允许混乱,以便看完土壤以后分层填回,不致打乱土层影响肥力,特别是农田更要注意。

(3)观察面的上方不应堆土或走动,以免破坏表层结构,影响剖面的研究。

(4)在垄作田要使剖面垂直垄作方向,使剖面能同时看到垄背和垄沟部位表层的变化。

(5)春耕季节在稻田挖填土坑一定要把土坑下层土踏实,以免拖拉机下陷或折断牛脚。

3. 土壤剖面发生学层次划分

土壤剖面由不同的发生学土层组成,称土体构型,土体构型的排列及其厚度是鉴别土壤类型的重要依据,划分土层时首先用剖面刀挑出自然结构面,然后根据土壤颜色、湿度、质地、结构、松紧度、新生体、侵入体、植物根系等形态特征划分层次,并用尺量出每个土层的厚度,分别连续记载各层的形态特征。一般土壤类型根据发育程度,可分为A、B、C 3个基本发生层次,有时还可见母岩层(D),当剖面挖好以后,首先根据形态特征,分出A、B、C层,然后在各层中分别进一步细分和描述。

土层细分时,要根据土层的过渡情况确定和命名过渡层:

(1)根据土层过渡的明显程度,可分为明显过渡和逐渐过渡。

(2)过渡层的命名,A层、B层的逐渐过渡层可根据主次划分为A_B或B_A层。

(3)土层颜色不匀,呈舌状过渡,看不出主次,可用AB表示。

(4)反映淀积物质,如腐殖质淀积B_h,黏粒淀积B_t,铁质淀积B_{ir}等。

4. 土壤剖面描述

按照土壤剖面记载表的要求进行描述(表4-1)。

(1)记载土壤剖面所在位置、地形部位、母质、植被或作物栽培情况、土地利用情况、地下水深度,地形草图可画地貌素描图,要注明方向,地形剖面图要按比例尺画,注明方向,轮作施肥情况可向当地农民了解。

(2)划分土壤剖面层次,记载厚度,按土层分别描述各种形态特征,土层线的形状及过渡特征。

(3)进行野外速测,测定 pH 值、高铁、亚铁反应及石灰反应,填入剖面记载表。

(4)最后根据土壤剖面形态特征及简单的野外速测,初步确定土壤类型名称,鉴定土壤肥力,提出利用改良意见。

表 4-1 野外土壤调查记录表(编号)

日期:_____年____月____日　　天气:_____　　调查人:_____

土坑编号		土坑类型		土壤剖面所在地示意图			
土坑地点		地形部位					
土壤名称		地下水位					
母质		指示动植物					
排灌情况		土壤利用状况					
土壤剖面图	发生层	剖面深度/cm	采样深度/cm	颜色	质地	结构	干湿度
	发生层	松紧度	孔隙	植物根系	新生体	侵入体	pH 值

5. 土壤剖面样品的采集

土壤剖面样品一般有纸盒标本、分析标本和整段标本3种。

（1）采集纸盒标本，根据土壤剖面层次，由下而上逐层采集原状土挑出结构面，按上下装入纸盒，结构面朝上，每层装一格，每格要装满，标明每层深度，在纸盒盖上写明采集地点、地形部位、植物母质、地下水位、土壤名称、采集日期及采集人。

（2）采集分析标本，根据剖面层次，分层取样，依次由下而上逐层采取土壤样品，装入布袋或塑料袋，每个土层选典型部位取其中10cm厚的土样，一般为1～0.5kg，要记载采样的实际深度，用铅笔填写标签，一式二份，一份放入袋中，一份挂在袋外，标签内容见表4-2。

表 4-2 土壤剖面样品标签表

土壤剖面号 _____	土壤名称 _____
深　　度 _____	地　　点 _____
日　　期 _____	采 集 人 _____

（3）采集整段标本，根据土壤剖面层次，分层取样，依次由上至下逐层采取土壤样品，装入布袋或塑料袋。每个土层完整采取，由地表垂直向下，采深达1m即可，取样宽度1m。

第四节　土壤实习路线及内容

一、实习器材

铁铲、土钻、皮尺、手罗盘、剖面刀、铅笔、塑料袋、标签、土壤速测箱、纸盒、文件夹。

二、实习要求

（1）进一步熟悉土壤调查的野外记录要求。
（2）进一步掌握野外定点（GPS）方法。
（3）了解野外土壤调查工作基本程序。
（4）学会识别常见三大成土母岩类型，同时观察由这些岩石发育来的土壤形态，了解这些土壤的基本特性及其垂直分布规律。
（5）掌握土壤信手剖面的绘制方法，并绘制土壤信手剖面。
（6）主要观察：土壤腐殖质层颜色、厚度、疏松度，土壤层次组合情况，土壤B层的紧实度，结构体类型，黏粒含量、石砾含量等。

土壤实习路线图如图4-3所示。

三、实习内容

路线一　基地—郭家坝镇荒口坪村—基地

1. TP1 灰包大土（图 4-4）

位置：荒口坪村。

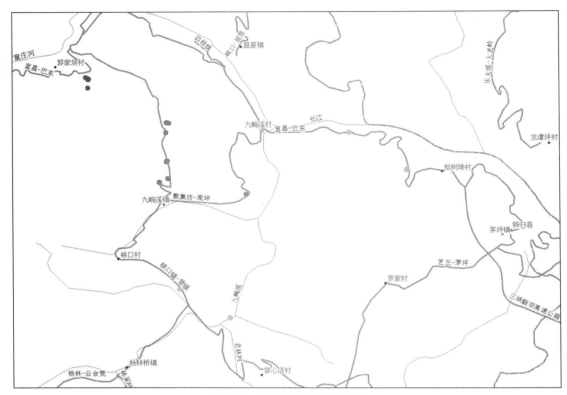

图 4-3 土壤实习路线示意图

图 4-4 灰包大土

GPS：

标高：1100m。

土类：黄棕壤土类。

母岩：石灰岩。

剖面构型：A—B—C—(D)R。

A层特点：平均厚20cm，土层深厚，潜在养分高。

适宜性：种植农作物，尤其以林业最佳。

2. TP2 朱油砂土（图4-5）

位置：荒口坪村二组。

GPS：

标高：900m。

土类：黄棕壤土类。

母岩：白垩系红色砂岩。

剖面构型：A—B—C。

A层特点：平均厚25cm，土壤质地松散，通气爽水，施肥见效快，肥效短，后劲差，作物易早衰。

适宜性：旱作耕地，种植农作物，尤其以林业最佳。

改良措施：追加农家肥，增加有机质。

图4-5 朱油砂土

3. TP3 白善大土（图4-6）

位置：九畹溪镇仙女村四组。

GPS：

标高：850m。

土类：黄棕壤土类—碳酸盐岩山地黄棕壤土属。

母岩：砾岩——碎屑为石灰岩、泥灰岩及砂页岩岩屑，钙质物胶结。

剖面构型：A—B—C。

A层特点：平均厚16.2cm，土层深厚，潜在养分高，无石灰反应。

适宜性：种植农作物。

改良措施：追加农家肥，增加有机质。

图4-6　白善大土

4. TP4 灰红油砂土（图4-7）

位置：九畹溪镇仙女村四组—255省道46km处。

GPS：

标高：＜800m。

土类：紫色土土类—灰紫泥土土属。

母岩：白垩系红色砂岩。

剖面构型：A—B—C。

A层特点：平均厚15.8cm，土壤质地松散，耕性好，通气透水，保水保肥一般，施肥易见效，但肥效短，一次施肥不能过多，作物生长后期往往因缺肥而早衰。

适宜性：农耕旱作，种植农作物。

改良措施：追加农家肥，增加有机质。

图4-7　灰红油砂土

5. TP5 中层石灰骨子土(图 4-8)

位置:九畹溪镇怀包石村龙洞石碑附近。

GPS:

标高:<800m。

土类:石灰土土类。

母岩:石灰岩。

剖面构型:A—R。

A 层特点:厚 15~25cm,含砾石<30%,土壤质地松散,易于流失,有石灰反应。

适宜性:种植果树。

改良措施:造梯田。

图 4-8 中层石灰骨子土

路线二 基地—茅坪镇中坝子村—郭家坝镇郭家坝村—基地

6. TP6 细鼓眼砂土(图 4-9)

位置:茅坪镇中坝子村村部对面山坡。

GPS:

标高:<800m。

土类:黄壤土类—中性细晶岩黄壤土属。

母岩:细粒闪长岩。

剖面构型:A—B—C。

A层特点:平均厚17.9cm,土壤砾石碎屑较多,较易耕作,通透性好。保水保肥性差,耐渍怕旱,漏水漏肥,肥力低。

适宜性:种植果林。

图4-9 细鼓眼砂土

7. TP7 粗鼓眼砂土

位置:茅坪镇中坝子村村部对面山坡。

GPS:

标高:<800m。

土类:黄壤土类——中性细晶岩黄壤土属。

母岩:粗粒闪长岩。

剖面构型:A—B—C。

A层特点:平均厚15cm,土壤砾石碎屑较多,较易耕作,通透性好。保水保肥性差,耐渍怕旱,漏水漏肥,土壤贫瘠,作物产量低。

适宜性:种植果林。

8. TP8 黄面(皮)砂土(图4-10)

位置:茅坪镇九曲脑村渡口(兰陵溪村1组)。

GPS:

标高:<800m。

土类:黄壤土类——泥质岩黄壤土属。

母岩:石英砂岩。

剖面构型:A—B—C。

A层特点:平均厚12.5cm,土壤质地砂壤,极易耕作,适耕期长,通透性良好,保水保肥性差,土壤养分含量低,极怕旱,施肥见效快。

适宜性:种植果林。

图 4-10　黄面(皮)砂土

9. TP9 薄层石灰骨子土(图 4-11)

位置:九畹溪村抬上坪附近。

GPS:

标高:<800m。

土类:石灰土土类—棕色石灰土土属。

母岩:白垩系红色砂岩。

剖面构型:A—R。

A 层特点:厚<15cm,含砾石<30％,土壤质地松散,易于流失,有石灰反应。

适宜性:种植果树。

改良措施:造梯田。

图 4-11　薄层石灰骨子土

10. TP10 薄层红砂骨子土(图 4-12)

位置:郭家坝镇郭家坝村(虹桥)烟白路。
GPS:
标高:<800m。
土类:紫色土土类。
母岩:侏罗系紫红色砂岩。
剖面构型:A—R。
A 层特点:平均厚 17cm,土壤质地中砾石土,土壤砾石含量较多,熟化差,漏水漏肥,怕旱,肥力较低,土壤呈碱性。
适宜性:种植耐碱作物。
改良措施:造梯田。

图 4-12　薄层红砂骨子土

11. TP11 薄层黄膏泥土(图 4-13)

位置:郭家坝镇郭家坝村(虹桥)烟白路桥头。
GPS:
标高:<800m。
土类:黄壤土土类—碳酸盐岩黄壤土属。
母岩:石灰岩、白云岩。
剖面构型:A—R(A—B—C—R)。
A 层特点:平均厚 18.2cm,土壤质地黏性重,顶铧跳犁,耕作困难,土壤通透性差,怕渍,保肥性强,肥力平稳持久,养分含量高。

适宜性:种植果树。
改良措施:造梯田。

图 4-13 薄层黄膏泥土

路线三 基地—九畹溪镇九畹唐村—九畹溪镇怀树坪村—基地

12. TP12 死黄泥巴土(图 4-14)

位置:九畹溪镇九畹唐村 1 组。
GPS:
标高:<800m。
土类:黄壤土类—第四纪黏土黄壤土属。
母质:第四纪黏土。
剖面构型:A—B—C。
A 层特点:平均厚 14.5cm,土壤质地为重壤,土质较黏,耕作困难,适耕期短,透气性差,怕旱易渍,不发小苗。
适宜性:种植果林。

图 4-14 死黄泥巴土

13. TP13 灰砂土(图 4-15)

位置:九畹溪镇怀树坪村(九畹溪漂流起点附近)。

GPS:

标高:<800m。

土类:潮土土类—灰潮土亚类—砂土型灰潮土土属。

母质:第四纪冲积物。

剖面构型:A—C。

A 层特点:平均厚 19.3cm,土壤质地砂壤,耕作容易,透气透水性好,漏水漏肥严重,施肥容易见效,肥效极短,发小苗不发老苗。

适宜性:种植农作物、果林。

图 4-15 灰砂土

第五节 土壤实习报告编写大纲及案例

一、土壤实习报告大纲

1. 实习概况

(1)实习时间。

(2)实习内容:秭归土壤类型及其分布规律。

(3)实习地点或路线。

(4)完成工作量。

2. 土壤形成的自然条件

3. 主要土壤类型

4. 土壤的分布规律

二、某地土壤实习报告案例

1. 实习概况

(1)实习时间:2020年8月1日至2020年8月8日。

(2)实习内容:某地土壤地带性分布;某地非地带性土壤;某地土壤的分布规律。

(3)实习路线:8月2日下午:某地牯岭街—大月山简易公路—植物园—含鄱口。8月3日上午:某地会址—回龙路1000m处;下午:黄龙寺、三宝树简易公路。

2. 土壤形成的自然条件

第四纪以来的新构造运动,使某地沿着断裂上升为目前相对高度达1000～1400m的山地,为土壤垂直地带的形成奠定了基础;某地在气候上处于中亚热带的北缘,这决定了本区植被土壤垂直带谱的性质;地貌和水文条件对土壤的形成和发育也起着一定的作用,影响到局部地区土壤发育的方向,形成某些非地带性的土壤。

3. 主要土壤类型

1)垂直地带性土壤

(1)红壤。

红壤广泛分布于海拔400m以下的低山丘陵地带,植被为常绿阔叶林、马尾松以及灌丛草本。成土母质主要为花岗岩、片麻岩、石英砂岩等残积和残积坡积物。从红壤的颗粒组成来看,各层次间质地相当均匀,说明成土过程中有红壤化的性质。

(2)黄壤。

黄壤分布于山麓地形比较低平的部位,或发育在黏重而排水不良的母质上,山地黄壤分布在900m或800m以下的地带,局部地区可达1000m左右。二者母质大都为花岗岩、砂岩、混合岩及第四纪风积物。

(3)山地黄棕壤。

山地黄棕壤分布于海拔800(900)～1200m地带的各种母质上,植被为常绿、落叶混交林,或灌木、草本,现以三宝树简易公路500m、海拔980m和三宝树简易公路100m、海拔930m两处的土壤剖面为例。

由表4-3和表4-4可知,山地黄棕壤全剖面呈较强的酸性反应。有机质全氮量含量较高。这说明,山地黄棕壤,随气候变冷湿,生物小循环的速度减缓,水解性酸随深度的增加而减少,代换性酸明显降低,代换量不高,吸收性复合体不饱和度达80％以上。土壤酸度以活性铝为主。

表 4-3 野外土壤调查记录表(1)

日期：__2020__ 年 __8__ 月 __3__ 日　　天气：__阴、雨、晴__　　调查人：_____

土坑编号	00-1	土坑类型	对照剖面	土壤剖面所在地示意图			
土坑地点	三宝树930	地形部位	山麓				
土壤名称	山地黄棕壤	地下水位	低				
母质	冲积物 砂岩	指示动植物	毛竹、灌丛、草木				
排灌情况	良好	土壤利用状况	绝对自然保护区				
土壤剖面图		发生层	剖面深度/cm	采样深度/cm	颜色	质地	结构	干湿度
		Ao 枯落叶层	0～7		暗灰			润
		Ah 有机质层	7-41		棕紫 5YR4/2	中黏	团粒	润
		B_1	41～70		棕淡 5YR5/4	中重黏	块状	潮润
		B_2	70～91		棕暗 7.5YR5/6	中黏	块状	潮润
		B_3	91～140		黄橙 7.5YR6/8	轻黏	块状	潮
		Bc	>140		淡棕红 5.5YR5/8	中重黏	棱柱状	潮
		发生层	松紧度	孔隙	植物根系	新生体	侵入体	pH值
		Ao						
		Ah	松	很多	多	无	无	5.1
		B_1	紧	多	多			5.4
		B_2	紧	少	少			5.1
		B_3	紧	无	无			5.1
		Bc	很紧	无	无			5.4

表 4-4　野外土壤调查记录表(2)

日期：__2020__ 年 __8__ 月 __3__ 日　　天气：__阴__　　调查人：_____

土坑编号	00-2	土坑类型	对照剖面	土壤剖面所在地示意图			
土坑地点	三宝树980	地形部位	山麓				
土壤名称	山地黄棕壤	地下水位	低				
母质	坡积物	指示动植物	纯柳杉林				
排灌情况	良好	土壤利用状况	绝对自然保护区				
土壤剖面图	发生层	剖面深度/cm	采样深度/cm	颜色	质地	结构	干湿度
	Ao_1	0～3					
	Ao_2	3～7					湿
	Ah	7～23		暗棕 7.5YR4/4	较黏	团粒	潮
	AB	23～38		棕 7.5YR3/4	较中黏	小团块	潮
	B_1	38～53		淡棕 7.5YR5/6	较中黏	小团块	潮
	B_2	53～71		黄棕 10YR5/8	中黏	小团块	潮
	B_3	＞71		淡黄棕 2.5YR6/6	重黏	团块	潮湿
	发生层	松紧度	孔隙	植物根系	新生体	侵入体	pH值
	Ao_1						
	Ao_2						
	Ah	松	多	很多	无	无	5.4
	AB	松	多	多			5.5
	B_1	松	多	多			5.6
	B_2	松	多	多			5.7
	B_3	紧	多	多			5.8

(4)山地棕壤。

山地棕壤分布于海拔 1200m 以上的山地,植被为落叶阔叶林,由于森林植被遭受破坏,目前大都成为灌丛草类,母质主要为砂岩、板岩的坡积物,局部地区以风积物为主。现以大月山去五老峰小路旁的土壤剖面为例。

由表 4-5、表 4-6 可知,山地棕壤的特点是:有机质含量较高;黏粒下移现象不甚明显;由于山地降水较多,物质有一定的淋溶,土壤呈微酸性反应,土壤代换量不高,吸收复合体不饱和;代换性酸比前述土壤均低;吸收性钙的含量远比前述土壤为多。

表 4-5 野外土壤调查记录表(3)

日期:__2020__年__8__月__6__日   天气:__阴__   调查人:_____

土坑编号	00-5	土坑类型	主要剖面	土壤剖面所在地示意图			
土坑地点	大月山200	地形部位	山麓				
土壤名称	山地棕壤	地下水位	低				
母质	坡积物	指示动植物	黄山松、灌木、草本				
排灌情况	良好	土壤利用状况	绝对自然保护区				
土壤剖面图		发生层	剖面深度/cm	采样深度/cm	颜色	质地	结构	干湿度
		Ao	0~7					
		Ah	7~28		黑棕 7.5YR2/2	中黏	团粒	潮
		B₁	28~68		淡棕 7.5YR5/6	中重黏	小团块	潮湿
		B₂	>68		黄棕 10YR5/8	重黏(有石砾)	团块	湿
		发生层	松紧度	孔隙	植物根系	新生体	侵入体	pH值
		Ao						

续表 4-5

土坑编号	00-5	土坑类型	主要剖面	土壤剖面所在地示意图			
土壤剖面图			Ah	松	多	很多	无	无	5.5
			B₁	紧	少	少			5.3
			B₂	紧	少	很少			5.3

表 4-6 野外土壤调查记录表(4)

日期：__2020__ 年 __8__ 月 __6__ 日　　天气：__晴__　　调查人：_____

土坑编号	00-4	土坑类型	主要剖面	土壤剖面所在地示意图			
土坑地点	大月山 200	地形部位	水库下游				
土壤名称	山地草甸土	地下水位	高				
母质	坡积物	指示动植物	灌木、莎草、箭竹				
排灌情况	周期性滞水	土壤利用状况	绝对自然保护区				
土壤剖面图	发生层	剖面深度/cm	采样深度/cm	颜色	质地	结构	干湿度
	Ao	0~6					
	Ah	6~29		棕黑 7.5YR4/4	轻黏	团粒	潮
	Ah₁	29~61		棕灰 7.5YR2/2	中重黏	小团块	潮湿
	J	>61		黄棕 10YR5/2	中重黏	块状-棱柱状	湿
	发生层	松紧度	孔隙	植物根系	新生体	侵入体	pH 值
	Ao						
	Ah	很松	很多	很多	无	无	5.2
	Ah₁	稍松	多	多	无	无	5.6
	J	紧	中少	少	锈斑	无	5.5

2)非地带性土壤

(1)山地草甸土。

这类土壤分布于山地比较平缓地段,植被为茂密的山地草甸群落。在生长季节中,土温并不过低,草本植物生长高大而旺盛,不论地表或地下,都积累了大量的有机质,因此,土壤形成的生草过程旺盛,但由于暖湿的生长季节不长,土壤经常保持湿润,有机质分解缓慢,较深的土层,积聚了大量的有机质,形成暗黑色或灰色的腐殖质层。现以大月山水库下游海拔1100m处的土壤剖面为例。

由表4-7可知,山地草甸土的粉砂粒和黏粒含量均较高,特别是表层,随深度增加,黏粒下降,这可能由于表中矿物黏化过程相当快,但小于$1\mu m$的黏粒含量,除表层外,均较其他土壤偏低。

(2)山地沼泽土。

该土类分布于地势平坦、低洼、容易积水之处,其有机质含量较高,粉砂粒含量也较高,黏粒也有一定的含量,心土常年或一年中有一段时期积水,土壤有机质分解程度较强,呈酸性反应;水解性酸较高,且随深度的增加而减少。

(3)古红土。

表 4-7 野外土壤调查记录表(5)

日期:__2020__年__8__月__3__日 天气:__雨__ 调查人:_____

土坑编号	00-I	土坑类型	主要剖面	土壤剖面所在地示意图			
土坑地点	大月山1088	地形部位	山麓				
土壤名称	棕壤	地下水位	低				
母质	坡积物	指示动植物	松木、灌木、草本				
排灌情况	良好	土壤利用状况	绝对自然保护区				
土壤剖面图		发生层	剖面深度/cm	采样深度/cm	颜色	质地	结构	干湿度
		Ah	5~25		灰棕 5YR5/2	轻黏	团粒	润
		AB	25~43		红棕 5YR4/6	中黏	小团块	润潮
		B	43~78		淡红棕 5YR5/8	中重黏	团块	潮湿

续表 4-7

土坑编号	00-I	土坑类型	主要剖面	土壤剖面所在地示意图			
土壤剖面图			B_1	78~95	暗黄橙 5YR6/8	中重黏	块状	潮润
			B_2	>95	淡棕红 2.5YR5/8	重黏	大块状	潮润
		发生层	松紧度	孔隙	植物根系	新生体	侵入体	pH值
		Ah	很松	多	很多	无	无	5.2
		AB	稍松	多	多			5.5
		B	稍松	中	中			5.3
		B_1	很紧	少	中少			5.5
		B_2	很紧	少	无			5.4

古红土分布在海拔 1088m 处，植被为针阔混交林和灌木草丛。它形成的主要原因是某地地壳运动抬升的结果。第三世纪来，某地气候湿热，风化壳黏粒含量高，较黏重，挡水效果明显，水只能从土壤裂隙、植物根系流动，形成还原环境，氧化铁还原，三价铁还原为二价铁，二价铁溶解性强，二价铁流去，颜色变淡，初步的网纹层为白色。另外，在 1000 多米还有网纹层，说明这是某地在抬升过程中形成的。

3）土壤的垂直分布规律

某地在"中国土壤区划"中，属于中国红壤及黄壤带中的华中山地红壤、山地黄壤和山地棕色森林地区。400m 以下山麓及山麓以外的丘陵和沉积阶地为红壤和黄壤分布区域；400~1200m 之间山坡地带，为黄壤和棕壤的分布区域；在 1000m 以上的山地，为山地棕壤和亚高山草甸土分布区域。

第五章 国土调查实习

第一节 国土调查实习内容

通过开展国土调查,可以全面细化和完善土地利用基础数据,掌握翔实准确的国土利用现状和自然资源变化情况,进一步完善国土调查、监测和统计制度,实现成果信息化管理与共享,满足生态文明建设、空间规划编制、供给侧结构性改革、宏观调控、自然资源管理体制改革和统一确权登记、国土空间用途管制、国土空间生态修复、空间治理能力现代化和国土空间规划体系建设等各项工作的需要。

因此,依据《第三次全国国土调查技术规程》(TD/T 1055—2019)及秭归县实际情况,本教学实习中国土调查实习的内容主要由土地利用现状调查和土地权属调查两部分组成,其中土地利用现状调查又分为农村土地利用现状调查和城镇土地利用现状调查。调查涉及图幅为过河口 H-49-42-(48),杨贵店 H-49-42-(40),太平溪 H-49-42-(32),如图 5-1 所示。

图 5-1 国土调查实习范围影像图

一、土地利用现状调查

土地利用现状调查是对每块土地的地类、位置、范围、面积等利用状况的调查,以图斑为主要表示方式。图斑是指单一地类的地块,以及被行政区、城镇村庄等调查界线或土地权属界线分割的单一地类地块。

土地利用现状调查的主要内容是以航空或航天遥感正射影像图(DOM)为调查底图,充分利用已有的调查成果等资料,依据《第三次全国国土调查工作分类》(GB/T 2010—2017)要求,建立调查区典型地类解译标识,并据此以图斑的方式进行地类解译,形成实地调查前的调查底图,随后按照实地土地利用现状对调查底图上的地类图斑及其界线进行外业核实调查,更新形成调查区土地利用现状调查成果。

1. 农村土地利用现状调查

农村土地利用现状调查实习重点调查耕地、园地、林地、草地、交通运输用地、水域及水利设施用地、村庄内部土地利用现状等。农村地类图斑均按《第三次全国国土调查技术规程》(TD/T 1055—2019)中附录 A 的表 A.2"第三次全国国土调查工作分类"的末级地类进行划分和标注。

2. 城镇土地利用现状调查

城镇土地利用现状调查实习重点调查城市、建制镇内部土地利用现状，主要包括商业服务业用地、工矿用地、住宅用地、公共管理与公共服务用地、特殊用地、交通运输用地等。城镇地类图斑均按《第三次全国国土调查技术规程》(TD/T 1055—2019)中附录 A 的表 A.2"第三次全国国土调查工作分类"的末级地类进行划分和标注。

二、土地权属调查

土地权属调查是指对土地权属单位的土地权属来源、权属性质及权利所及的界线、位置、数量和用途等基本情况的实地调查与核实。权属调查是地籍调查的重要环节，是地籍测量的前提和基础，其调查单元是宗地(被权属界址线所封闭的地块)。包括集体土地所有权宗地和国有土地使用权宗地。本次实习只对城镇范围内的地块进行权属调查。

第二节 国土调查实习步骤及路线

一、国土调查实习步骤

1. 室内预判

建立解译标志—影像判读矢量化—打印外业调查工作底图(以遥感图为底,绘制地类图斑和城镇房屋,并根据判读结果加上地类编号、图斑编号或房屋编号)。

2. 野外实地调查

确定调查路线—野外调查—填写外业调查手簿、记录表。

野外调绘流程：以遥感图、工作底图为基础,利用手持 GPS 记录斑块边界变动情况,并编号,记录表上记录相应的属性等信息。

3. 室内校核整理成图

外业调查表格的检查与整理—外业调查底图的整饰—利用外业调查结果进行矢量数据的修正—绘制国土调查实习成果图。

二、国土调查实习路线

1. 农村土地利用现状调查实习路线

路线一　基地—溪口坪村—基地

实习范围：如图 5-2 所示。

图 5-2　农村土地利用现状调查路线一范围图

实习内容：依据《第三次全国国土调查技术规程》(TD/T 1055—2019)查清农村范围内各种地类的种类、面积、分布与利用现状，重点调查耕地、园地、林地、草地、交通运输用地、水域及水利设施用地、村庄内部土地利用现状等。

路线二　基地—建东村、泗溪村、陈家坝村—基地

实习范围：如图 5-3 所示。

实习内容：依据《第三次全国国土调查技术规程》(TD/T 1055—2019)查清农村范围内各种地类的种类、面积、分布与利用现状，重点调查耕地、园地、林地、草地、交通运输用地、水域及水利设施用地、村庄内部土地利用现状等。

图 5-3　农村土地利用现状调查路线二范围图

路线三　基地—陈家坝村、九里村—基地

实习范围：如图 5-4 所示。

实习内容：依据《第三次全国国土调查技术规程》（TD/T 1055—2019）查清农村范围内各种地类的种类、面积、分布与利用现状，重点调查耕地、园地、林地、草地、交通运输用地、水域及水利设施用地、村庄内部土地利用现状等。

路线四　基地—金缸城村、银杏沱村—基地

实习范围：如图 5-5 所示。

实习内容：依据《第三次全国国土调查技术规程》（TD/T 1055—2019）查清农村范围内各种地类的种类、面积、分布与利用现状，重点调查耕地、园地、林地、草地、交通运输用地、水域及水利设施用地、村庄内部土地利用现状等。

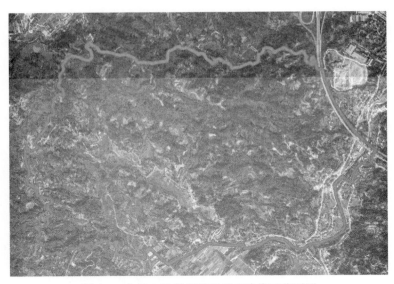

图 5-4 农村土地利用现状调查路线三范围图

图 5-5 农村土地利用现状调查路线四范围图

路线五 基地—建东村、溪口坪村、陈家坝村—基地

实习范围：如图 5-6 所示。

实习内容：依据《第三次全国国土调查技术规程》(TD/T 1055—2019)查清农村范围内各种地类的种类、面积、分布与利用现状，重点调查耕地、园地、林地、草地、交通运输用地、水域及水利设施用地、村庄内部土地利用现状等。

图 5-6　农村土地利用现状调查路线五范围图

路线六　基地—九里村、陈家冲村—基地

实习范围：如图 5-7 所示。

实习内容：依据《第三次全国国土调查技术规程》(TD/T 1055—2019)查清农村范围内各种地类的种类、面积、分布与利用现状，重点调查耕地、园地、林地、草地、交通运输用地、水域及水利设施用地、村庄内部土地利用现状等。

路线七　基地—银杏沱村、金缸城村—基地

实习范围：如图 5-8 所示。

实习内容：依据《第三次全国国土调查技术规程》(TD/T 1055—2019)查清农村范围内各种地类的种类、面积、分布与利用现状，重点调查耕地、园地、林地、草地、交通运输用地、水域及水利设施用地、村庄内部土地利用现状等。

路线八　基地—金缸城村、陈家冲村、花果园村—基地

实习范围：如图 5-9 所示。

实习内容：依据《第三次全国国土调查技术规程》(TD/T 1055—2019)查清农村范围内各种地类的种类、面积、分布与利用现状，重点调查耕地、园地、林地、草地、交通运输用地、水域及水利设施用地、村庄内部土地利用现状等。

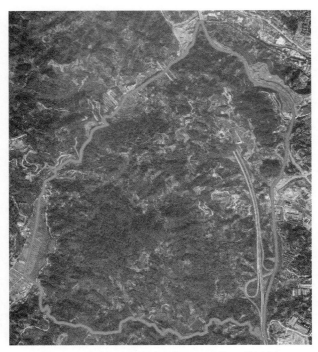

图 5-7　农村土地利用现状调查路线六范围图

图 5-8　农村土地利用现状调查路线七范围图

图 5-9　农村土地利用现状调查路线八范围图

路线九　基地—杨贵店村—基地

实习范围:如图 5-10 所示。

图 5-10　农村土地利用现状调查路线九范围图

实习内容：依据《第三次全国国土调查技术规程》(TD/T 1055—2019)查清农村范围内各种地类的种类、面积、分布与利用现状，重点调查耕地、园地、林地、草地、交通运输用地、水域及水利设施用地、村庄内部土地利用现状等。

路线十　基地—陈家冲村、花果园村、月亮包村—基地

实习范围：如图 5-11 所示。

图 5-11　农村土地利用现状调查路线十范围图

实习内容：依据《第三次全国国土调查技术规程》(TD/T 1055—2019)查清农村范围内各种地类的种类、面积、分布与利用现状，重点调查耕地、园地、林地、草地、交通运输用地、水域及水利设施用地、村庄内部土地利用现状等。

2. 城镇土地利用现状调查、土地权属调查实习路线

路线一　基地—滨湖居委会、金缸城村—基地

实习范围：如图 5-12 所示。

实习内容：依据《第三次全国国土调查技术规程》(TD/T 1055—2019)查清城镇范围内各种地类的种类、面积、分布与利用现状，重点调查商业服务业用地、工矿用地、住宅用地、公共管理与公共服务用地、特殊用地、交通运输用地等。同时查清调查范围内土地权属单位的土地权属来源、权属性质及权利所及的界线、位置、数量和用途等基本情况。

图 5-12 城镇土地利用现状调查、土地权属调查实习路线一范围图

路线二 基地—滨湖居委会—基地

实习范围:如图 5-13 所示。

图 5-13 城镇土地利用现状调查、土地权属调查实习路线二范围图

实习内容：依据《第三次全国国土调查技术规程》(TD/T 1055—2019)查清城镇范围内各种地类的种类、面积、分布与利用现状，重点调查商业服务业用地、工矿用地、住宅用地、公共管理与公共服务用地、特殊用地、交通运输用地等。同时查清调查范围内土地权属单位的土地权属来源、权属性质及权利所及的界线、位置、数量和用途等基本情况。

路线三　基地—滨湖居委会、西楚居委会—基地

实习范围：如图 5-14 所示。

图 5-14　城镇土地利用现状调查、土地权属调查实习路线三范围图

实习内容：依据《第三次全国国土调查技术规程》(TD/T 1055—2019)查清城镇范围内各种地类的种类、面积、分布与利用现状，重点调查商业服务业用地、工矿用地、住宅用地、公共管理与公共服务用地、特殊用地、交通运输用地等。同时查清调查范围内土地权属单位的土地权属来源、权属性质及权利所及的界线、位置、数量和用途等基本情况。

路线四　基地—西楚居委会—基地

实习范围：如图 5-15 所示。

图 5-15　城镇土地利用现状调查、土地权属调查实习路线四范围图

实习内容:依据《第三次全国国土调查技术规程》(TD/T 1055—2019)查清城镇范围内各种地类的种类、面积、分布与利用现状,重点调查商业服务业用地、工矿用地、住宅用地、公共管理与公共服务用地、特殊用地、交通运输用地等。同时查清调查范围内土地权属单位的土地权属来源、权属性质及权利所及的界线、位置、数量和用途等基本情况。

路线五　基地—滨湖居委会、西楚居委会、橘颂居委会—基地

实习范围:如图 5-16 所示。

图 5-16　城镇土地利用现状调查、土地权属调查实习路线五范围图

实习内容:依据《第三次全国国土调查技术规程》(TD/T 1055—2019)查清城镇范围内各种地类的种类、面积、分布与利用现状,重点调查商业服务业用地、工矿用地、住宅用地、公共管理与公共服务用地、特殊用地、交通运输用地等。同时查清调查范围内土地权属单位的土地权属来源、权属性质及权利所及的界线、位置、数量和用途等基本情况。

路线六　基地—滨湖居委会、橘颂居委会—基地

实习范围:如图 5-17 所示。

实习内容:依据《第三次全国国土调查技术规程》(TD/T 1055—2019)查清城镇范围内各种地类的种类、面积、分布与利用现状,重点调查商业服务业用地、工矿用地、住宅用地、公共管理与公共服务用地、特殊用地、交通运输用地等。同时查清调查范围内土地权属单位的土地权属来源、权属性质及权利所及的界线、位置、数量和用途等基本情况。

图 5-17 城镇土地利用现状调查、土地权属调查实习路线六范围图

路线七 基地—橘颂居委会—基地

实习范围:如图 5-18 所示。

图 5-18 城镇土地利用现状调查、土地权属调查实习路线七范围图

实习内容:依据《第三次全国国土调查技术规程》(TD/T 1055—2019)查清城镇范围内各种地类的种类、面积、分布与利用现状,重点调查商业服务业用地、工矿用地、住宅用地、公共管理与公共服务用地、特殊用地、交通运输用地等。同时查清调查范围内土地权属单位的土地权属来源、权属性质及权利所及的界线、位置、数量和用途等基本情况。

路线八　基地—橘颂居委会、陈家冲村、杨贵店村—基地

实习范围:如图 5-19 所示。

图 5-19　城镇土地利用现状调查、土地权属调查实习路线八范围图

实习内容:依据《第三次全国国土调查技术规程》(TD/T 1055—2019)查清城镇范围内各种地类的种类、面积、分布与利用现状,重点调查商业服务业用地、工矿用地、住宅用地、公共管理与公共服务用地、特殊用地、交通运输用地等。同时查清调查范围内土地权属单位的土地权属来源、权属性质及权利所及的界线、位置、数量和用途等基本情况。

路线九　基地—陈家冲村、杨贵店村、九里村—基地

实习范围:如图 5-20 所示。

实习内容:依据《第三次全国国土调查技术规程》(TD/T 1055—2019)查清城镇范围内各种地类的种类、面积、分布与利用现状,重点调查商业服务业用地、工矿用地、住宅用地、公共管理与公共服务用地、特殊用地、交通运输用地等。同时查清调查范围内土地权属单位的土地权属来源、权属性质及权利所及的界线、位置、数量和用途等基本情况。

路线十　基地—杨贵店村、九里村—基地

实习范围:如图 5-21 所示。

实习内容:依据《第三次全国国土调查技术规程》(TD/T 1055—2019)查清城镇范围内各种地类的种类、面积、分布与利用现状,重点调查商业服务业用地、工矿用地、住宅用地、公共管理与公共服务用地、特殊用地、交通运输用地等。同时查清调查范围内土地权属单位的土地权属来源、权属性质及权利所及的界线、位置、数量和用途等基本情况。

图 5-20 城镇土地利用现状调查、土地权属调查实习路线九范围图

图 5-21 城镇土地利用现状调查、土地权属调查实习路线十范围图

第三节　国土调查底图制作

一、分组与底图制作要求

1. 分组

根据调查实习路线范围及实习人数,将学生分为若干组,每组包含农村区域 1 块、城镇区域 1 块。

2. 底图制作内容

包括土地利用现状调查底图(农村和城镇区域)和土地权属调查底图(城镇区域)。土地利用现状调查的基本单元是图斑,土地权属调查的基本单元是宗地。

3. 土地利用分类标准

土地利用现状调查中的土地利用类型分类严格按照《第三次全国国土调查技术规程》(TD/T 1055—2019)中附录 A 的表 A.2"第三次全国国土调查工作分类"进行土地利用类型判别,需细化到二级类。

4. 图式标准

土地利用现状调查中的各种地类颜色及标注按照《第三次全国国土调查技术规程》(TD/T 1055—2019)中附录 C"第三次全国国土调查图式"要求执行,可自行下载第三次全国国土调查符号库使用。

5. 作业范围

每个小组在指定的区域内进行作业,作业范围要求超出边界 20m。

6. 图斑编号与房屋编号

同一调查区内按照"从左到右、从上到下"的原则进行编号,图斑或房屋左/右、上/下对应关系,可利用图斑或房屋中心 x、y 坐标来估计。

7. 软件

底图制作必须使用 ArcGIS 软件完成。

二、土地利用现状调查底图制作

1. 地类解译标识库建设

为提高小组成员之间目视解译的一致性,需在地类解译前,根据《第三次全国国土调查技术规程》(TD/T 1055—2019)中附录 A 的表 A.2"第三次全国国土调查工作分类"要求,针对各二级类土地利用类型,建立农村调查区典型地类解译标识和城镇调查区典型地类解译标识,格式如表 5-1、表 5-2 所示。

表 5-1 农村调查区典型地类解译标识库

地类编码	地类名称	典型场景(不少于 3 处,可视情况增加)
0101	水田	
0102	水浇地	
...	...	...
0702	农村宅基地	
...	...	...

表 5-2 城镇调查区典型地类解译标识库

地类编码	地类名称	典型场景(不少于 3 处,可视情况增加)
05H1	商业服务业设施用地	
0601	工业用地	
0701	城镇住宅用地	
...	...	...

2. 地类判读

1)最小上图图斑面积

根据《第三次全国国土调查技术规程》(TD/T 1055—2019)要求,最小上图图斑面积为:建设用地和设施农用地实地面积 $200m^2$;农用地(不含设施农用地)实地面积 $400m^2$;其他地类实地面积 $600m^2$,荒漠地区可适当降低精度,但不低于 $1500m^2$;对于有更高管理需求的地区,建设用地可适当提高调查精度。

2)线状地物图斑绘制要求

铁路、公路、农村道路、河流和沟渠等线状地物以图斑方式调查,坐落单位、权属单位、地类均一致的及宽度走向基本一致的,划分为一个线状地物图斑上图。线状地物发生交会时,从上向下俯视,上部的线状地物连续表示,下压的线状地物断在交叉处。

对于公路用地图斑,若道路有路肩则提取至路肩外缘,若道路无路肩则提取至路面铺桩位置或路面硬化外缘(不含路堤边坡、道沟)。对于铁路用地图斑,提取至铁路路肩外缘。对高架的公路、铁路,提取垂直投影范围。对于穿越村庄的公路、河流、铁路等,不宜作为村庄内部图斑进行调绘。

3)地类图斑绘制要求

(1)调查界线、土地权属界线分割的地块形成图斑。

(2)当各种界线重合时,依调查界线、土地权属界线的高低顺序,只表示高一级界线。

(3)依据工作分类末级地类,按照图斑的实地利用现状认定图斑地类。

(4)已批准但未建设的建设用地按实地利用现状调查认定地类。

(5)关于交叉重叠地类的判定规则,地类在空间上垂直交叠时,按照最上层的地物确定用地类型;地类在空间上水平交叉时,按照主要的地类确定用地类型。

(6)村庄内部土地利用现状图斑调查:村庄内部超过上图面积的耕地、种植园地、林地等按土地利用现状图斑调绘;村庄内部房前屋后不够上图面积的空地、晒场、树木及宅基地之间的通道等可归并到相邻宅基地图斑;村庄内部符合上图面积的水塘宜按使用特征,以生活用水为主的水塘可归并到相邻建设用地图斑,以农业生产用水为主的水塘应调绘坑塘水面;村庄内部的全部图斑应在属性表(表5-3)"城镇村属性"字段中按《第三次全国国土调查技术规程》(TD/T 1055—2019)附录A中表A.3标注"203"属性。

(7)城镇内部土地利用现状图斑调查:特大型的企事业单位,内部土地利用类型明显不同且分割界线(如市政道路、河流等)明显的,可依据工作分类分为多个图斑;行政机关、企事业单位、住宅小区等内部道路归并到坐落图斑;临街门面等,归并到城镇道路外的相邻图斑;城镇内部符合上图面积要求的耕地、种植园用地、林地、草地、水域、其他土地图斑等按土地利用现状调查;城镇内部的全部图斑应在属性表(表5-3)"城镇村属性"字段中按《第三次全国国土调查技术规程》(TD/T 1055—2019)附录A中表A.3标注,其中属于城市的标注"201",属于建制镇的标注"202"。

4)操作步骤

在 ArcGIS 软件中,新建 DLBJ(地类边界)线文件,逐地块描绘地类边界。需要说明的是,为提升工作效率、减少拓扑错误,在地类判读时采用"先绘制地类边界,再造区"的思路构造地类图斑(DLTB)区文件。此外,在绘制地类边界过程中,可利用地类标记点同步标注土地利用类型。在 DLTB 构造完成后,可利用地类标记点提取对应地类,并统一编辑地类编码、地类名称等信息。具体操作步骤如下:

(1)地类边界绘制与地类标记。

①载入影像图,并新建 DLBJ 线文件,地理投影参考等信息与影像图底图保持一致(CGCS2000_3_Degree_GK_Zone_37)。

②根据调查区典型地类解译标识库中的地类类别,按照"从左到右、从上到下"的原则,新建地类标记点文件:添加"地类编码"字段属性,见表 5-3,方便地类标记时操作,提高地类标记效率。

表 5-3 DLTB 属性信息字段结构

序号	字段名称	字段别名	字段类型	备注
1	TBYBM	图斑预编号	文本	长度 18
2	TBBM	图斑编码	文本	长度 8
3	DLBM	地类编码	文本	长度 5
4	DLMC	地类名称	文本	长度 60
5	QSXZ	权属性质	文本	长度 8
6	QSDWDM	权属单位代码	文本	长度 19
7	QSDWMC	权属单位名称	文本	长度 60
8	ZLDWDM	坐落单位代码	文本	长度 19
9	ZLDWMC	坐落单位名称	文本	长度 60
10	TBMJ	图斑面积	双精度	长度 16
11	GDLX	耕地类型	文本	长度 2
12	GDPDJ	耕地坡度级	短整型	长度 2
13	XZDKD	线状地物宽度	双精度	长度 16
14	CZCSX	城镇村属性	短整型	长度 6

③打开编辑,将调查区内的行政界线(村/社区)、线状地物,复制到 DLBJ 图层。

④逐地块绘制地类边界,并逐地块标记地类类型(在地块中心位置,添加与该地块用地类型对应的点文件)。当各种界线重合时,依调查界线、行政界线的高低顺序,只表示高一级界线。

⑤检查 DLBJ 拓扑错误,重点核查线段悬挂的错误。

(2)地类图斑构造与拓扑检查。

运用 ArcGIS"线转面"工具,利用 DLBJ 线文件构造 DLTB 面文件。生成 DLTB 面文件后,检查并修改拓扑错误,尤其注意图斑重叠或图斑间有空隙的错误类型。此外,可利用地类标记点的总数量,同时检查地类标记点总数与 DLTB 图斑总数是否一致,查找是否存在"造面不成功"的情况(该类情况多由"DLBJ"线段悬挂导致)。

(3)DLTB 属性信息表编辑。根据表 5-3,在 DLTB 属性信息表中添加相应字段。利用各地类标记点和 Spatial Join 工具,提取对应"地类编码"字段属性;另外,手动添加表 5-3 中剩余字段,利用字段计算器及属性选择工具,对同一属性斑块相应字段(如地类名称等)进行统一赋值。部分无法统一赋值的字段,注意判读并编辑属性信息(室内无法确定的信息,可在外业实地调查时再行获取)。耕地坡度级,可利用 DEM 提取坡度,并根据坡度分级标准(表 5-4)进行分级。

表 5-4　耕地坡度分级及代码

坡度分级	≤2°	>2°~6°	>6°~15°	>15°~25°	>25°
坡度级代码	1	2	3	4	5

三、土地权属调查底图制作

开展土地权属调查,需绘制房屋基底边界。根据城镇区域的影像图,绘制调查区域内所有建筑物的房屋基底边界。具体操作与地类判读类似,首先新建 FWJD(房屋基底)线文件,绘制房屋基底边界,"线转面"构造 CZFW(城镇房屋)面文件。

CZFW 面文件属性结构如表 5-5 所示。须有 FWBH(文本,长度 8)、ZLQSMC(文本,长度 60)、FWCS(短整型)、FWYT(文本,长度 20)字段,其对应的别称分别为房屋编号、坐落权属名称、房屋层数、房屋用途。坐落权属名称明确到社区或小区;房屋用途依据实际情况,按居住、商服、商住混合等类型填写(需补充填写"城镇土地利用情况调查表")。

表 5-5　CZFW 属性信息字段结构

序号	字段名称	字段别名	字段类型	备注
1	FWBH	房屋编号	文本	长度 8
2	ZLQSMC	坐落权属名称	文本	长度 60
3	QSXZ	权属性质	文本	长度 8
3	FWCS	房屋层数	短整型	长度 2
4	FWYT	房屋用途	文本	长度 60

四、计算机制图

(1)根据图幅大小和外业调查需求,合理设计外业工作底图尺寸。工作底图应确保图上信息清晰,便于外业调查工作。

(2)制作外业工作底图。底图应至少叠放影像、DLTB,并显示地类编码及图斑预编号信息,并确保这两类信息在图上清晰可见,以便于野外调查(可以考虑裁剪为多张 A4 底图输出,使用 TIFF 或 JPG 格式)。另外,为便于查询,可考虑将高清电子版图片保存至手机,以备野外查验。

示例如图 5-22 所示。

图 5-22 调查底图示例

(3)地图打印。

第四节　土地利用现状实地调查

一、土地利用现状实地调查工作内容

土地利用现状实地调查的主要工作内容包括：
(1)校验影像地类判读结果，对判读有误的信息进行修改完善。
(2)依据实地情况，更新土地利用现状。需要注意的是，土地调查是对特定时点的土地利用状况进行调查(如第三次全国国土调查数据的统一时点为 2019 年 12 月 31 日)，实地调查的数据与"依据影像解译获得的成果"在局部地区可能存在出入，此时就需要对其进行更新处理。
(3)实地获取土地利用信息等属性信息。

二、土地利用现状实地调查工作方案

土地利用现状实地调查工作包括外业与内业两部分，外业是实地调查、勘测的工作，内业是根据外业调查情况在室内开展的数据更新等工作。国土调查实习采用外业、内业同步开展的方案，即白天进行外业调查，当天下午或晚上进行内业整理。

1. 外业调查

利用外业工作底图、罗盘、GPS、测距仪等工具，到调查区进行现场调查，填写调查记录表，如表 5-6 所示。

表 5-6　国土调查记录表

图斑基本信息							外业调查信息		其他信息			备注
图斑预编号	图斑编号	权属单位名称	权属性质	地类编码	预判地类	图斑面积	外业地类	图斑边界	线状地物宽度	耕地类型	城镇村标识	

表格填写要求如下：

(1)图斑基本信息(＊为外业调查必填)。

＊图斑预编号：填写外业调查时图斑的临时编号，可直接填写内业解译成果的图斑编号。外业调查时对预编号图斑进行分割或补测新增调查图斑时，在原预编号图斑下方插入行填写新增图斑调查信息，"图斑预编号"在原图斑预编号上加顺序支号"-1"表示。

图斑编号：填写数据库建成后图斑编号，可能与图斑预编号不一致。编号统一以行政村为单位，依据"从左至右、从上至下"的原则从1开始顺序编号。

权属单位名称：填写原土地调查数据库图斑权属单位名称。

权属性质：填写原土地调查数据库图斑权属性质：集体、国有。

＊地类编码：填写内业解译成果的图斑地类编码。

＊预判地类：填写内业解译成果的图斑地类名称。

图斑面积：填写数据库建成后的图斑面积，单位为平方米(m^2)，保留2位小数。

(2)外业调查信息(＊号为外业调查必填)。

＊外业地类：填写外业调查认定的图斑地类编码。

＊图斑边界：填写外业调查图斑边界调绘情况，图斑边界不变的填写"BB"、图斑边界变化见调绘草图的填写"CT"、图斑边界变化见高精度补测数据的填写"BC"、图斑分割或新增图斑的填写"XZ"。当图斑边界发生变化时，应在外业调查底图上绘制图斑变化边界的草图，标记图斑预编号。采用PDA或高精度测量设备辅助外业调查时，可在PDA上调绘变化边界或进行数字测量，并录入相应图斑预编号，以便后期数据处理。

(3)其他信息(根据实际情况填写)。

线状地物宽度：填写线状地物实地测量平均宽度，单位为米(m)，保留1位小数。

耕地类型：仅填写梯田耕地，梯田填写"TT"，耕地为坡地的不填写。

城镇村标识：对城市、建制镇、村庄居民点范围内的地类图斑，相应标注"201""202""203"属性，城镇村外部的盐田、采矿用地和特殊用地标注"204""205"属性。

备注：记录图斑其他需要备注的内容。如：为飞地，在此栏填写"飞地"。

2. 内业整理

根据表5-6外业调查获取的信息，对DLTB数据库属性与边界进行更新和补充完善。外业调查手簿等资料及时归档保存，并根据外业调查情况总结经验，做好第二天外业调查的准备工作(包括调查线路、派车等相关工作)。

第五节　土地权属实地调查

一、土地权属实地调查工作内容

土地权属实地调查的主要工作内容是土地权属单位的土地权属来源、权属性质及权利所及的界线、位置、数量和用途等基本情况的实地调查与核实。

(1)校验影像房屋基底绘制结果，对判读有误的信息进行修改完善。

(2)依据实地情况，获取土地权属信息等属性信息。

二、土地权属实地调查工作方案

与土地利用现状调查类似，土地权属实地调查工作包括外业与内业两部分，外业是实地调查、勘测的工作,内业是根据外业调查情况在室内开展的数据更新等工作。土地权属实地调查的外业内业工作可与城镇土地利用现状调查的外业内业工作同步开展。

1. 外业调查

根据表 5-7 外业调查获取的信息,对 CZFW(城镇房屋)数据库属性与边界进行更新和补充完善。

表 5-7　土地权属情况调查表

宗地编号＿＿＿＿＿＿＿＿＿＿＿＿　　宗地位置(门牌号)＿＿＿＿＿＿＿＿＿＿

宗地名称＿＿＿＿＿＿＿＿＿＿＿＿　　调查人/时间＿＿＿＿＿＿＿＿＿＿＿＿

类型	调查内容		备注
土地权属与用途	□国有土地所有权	□住宅:单位住宅;开发小区 □商业、办公、集贸市场、超市、其他 □工业 □公共服务行业 □市政设施 □注明具体用途:	
	□集体土地所有权	□宅基地 □集体经营性建设用地	
房屋状况	修建时间:　　　年		
	单栋建筑	房屋编号:＿＿＿＿;楼层数:＿＿＿层; 第一层用途:	选择其中一项填写
	多栋建筑	楼栋数:＿＿栋; 房屋编号及楼层数:	
	房屋价格	出售价格:＿＿＿＿元/m²,时间	
		出租价格:＿＿＿＿元/m²,时间	
地下空间利用	是否有地下车库(或其他形式的地下空间利用):		
其他情况			

填表要求如下:

(1)宗地名称为使用权权利人的姓名或名称(如小区名),宗地编号规则:CZ-组号-1,以此类推。

(2)土地权属首先按照一般规律判断,然后结合问询实际情况填写,按照实际表中内容填写处原则上不得空项。

(3)房屋修建时间按照具体修建年份填写,只要求填写到年。房屋价格如果无法获知该宗地内房屋价格,可以参考周边区域类似房屋价格。

2. 内业整理

根据表 5-7 外业调查获取的信息,对 CZFW(城镇房屋)数据库属性与边界进行更新和补充完善。

此外,根据外业调查获取的信息,新建 CZZD 面文件,将 CZFW 房屋面文件中属于同一宗地的房屋纳入同一宗地边界中,并赋相应调查到的宗地属性(表 5-8)。

表 5-8　CZZD 属性信息字段结构

序号	字段名称	字段别名	字段类型	备注	成果要求
1	BH	宗地编号	文本	长度 8	必备
2	MC	宗地名称	文本	长度 32	必备
3	WZ	宗地位置	文本	长度 32	必备
4	QS	权属	文本	长度 8	必备,"国有"/"集体"
5	YT	用途	文本	长度 18	必备,选项:住宅、商业、工业、公共服务行业、市政设施、其他
6	CSJG	出售价格	长整型	15	必备,单位:元/m²
7	CZJG	出租价格	长整型	15	必备,单位:元/m²
8	DXKJ	地下空间	文本	4	必备,"是"/"否"

外业调查手簿等资料及时归档保存,并根据外业调查情况总结经验,做好第二天外业调查准备工作(包括调查线路、派车等相关工作)。

第六节　国土调查实习成果

国土调查实习成果主要包括数据、图件、报告与基础资料汇编四部分。

(1)数据:DLTB、CZFW、CZZD 矢量数据(shp 格式,包含属性信息,存放于个人地理数据中)。

(2)图件:调查区土地利用调查成果图(tif 格式,需包括图框、图名、图例、指北针和比例尺,dpi≥200)。

(3)报告:与其他实习内容共同记载,内容应至少包括调查区概况、技术方案、成果分析(数据汇总)、感悟等,成果分析中须包括《第三次全国国土调查技术规程》(TD/T 1055—2019)附录 L 中所列的土地利用现状分类面积汇总表(表 L.1、表 L.2)。

(4)基础资料汇编:实习所使用基础资料(外业工作底图、国土调查记录表和权属情况调查表)。

以上成果的电子档、纸质档材料均须提交。

第六章 文化与旅游资源认识

第一节 旅游资源及分类

一、旅游资源

旅游资源(tourism resources)是指自然界和人类社会凡能对旅游者产生吸引力,可以为旅游业开发利用,并可产生经济效益、社会效益和环境效益的各种事物和因素。

二、旅游资源分类

1. 分类原则

依据旅游资源的性状,即现存状况、形态、特性、特征划分。

2. 分类对象

稳定的、客观存在的实体旅游资源。不稳定的、客观存在的事物和现象。

3. 分类结构

分为"主类""亚类""基本类型"3个层次。
每个层次的旅游资源类型有相应的汉语拼音代号,见表6-1。

表6-1 旅游资源分类表

主类	亚类	基本类型
A 地文景观	AA 综合自然旅游地	AAA 山丘型旅游地　AAB 谷地型旅游地　AAC 沙砾石地型旅游地　AAD 滩地型旅游地　AAE 奇异自然现象　AAF 自然标志地　AAG 垂直自然地带
	AB 沉积与构造	ABA 断层景观　ABB 褶曲景观　ABC 节理景观　ABD 地层剖面　ABE 钙华与泉华　ABF 矿点矿脉与矿石积聚地　ABG 生物化石点
	AC 地质地貌过程形迹	ACA 凸峰　ACB 独峰　ACC 峰丛　ACD 石(土)林　ACE 奇特与象形山石　ACF 岩壁与岩缝　ACG 峡谷段落　ACH 沟壑地　ACI 丹霞　ACJ 雅丹　ACK 堆石洞　ACL 岩石洞与岩穴　ACM 沙丘地　ACN 岸滩

续表 6-1

主类	亚类	基本类型
A 地文景观	AD 自然变动遗迹	ADA 重力堆积体　ADB 泥石流堆积　ADC 地震遗迹　ADD 陷落地　ADE 火山与熔岩　ADF 冰川堆积体　ADG 冰川侵蚀遗迹
	AE 岛礁	AEA 岛区　AEB 岩礁
B 水域风光	BA 河段	BAA 观光游憩河段　BAB 暗河河段　BAC 古河道段落
	BB 天然湖泊与池沼	BBA 观光游憩湖区　BBB 沼泽与湿地　BBC 潭池
	BC 瀑布	BCA 悬瀑　BCB 跌水
	BD 泉	BDA 冷泉　BDB 地热与温泉
	BE 河口与海面	BEA 观光游憩海域　BEB 涌潮现象　BEC 击浪现象
	BF 冰雪地	BFA 冰川观光地　BFB 长年积雪地
C 生物景观	CA 树木	CAA 林地　CAB 丛树　CAC 独树
	CB 草原与草地	CBA 草地　CBB 疏林草地
	CC 花卉地	CCA 草场花卉地　CCB 林间花卉地
	CD 野生动物栖息地	CDA 水生动物栖息地　CDB 陆地动物栖息地　CDC 鸟类栖息地　CDE 蝶类栖息地
D 天象与气候景观	DA 光现象	DAA 日月星辰观察地　DAB 光环现象观察地　DAC 海市蜃楼现象多发地
	DB 天气与气候现象	DBA 云雾多发区　DBB 避暑气候地　DBC 避寒气候地　DBD 极端与特殊气候显示地　DBE 物候景观
E 遗址遗迹	EA 史前人类活动场所	EAA 人类活动遗址　EAB 文化层　EAC 文物散落地　EAD 原始聚落
	EB 社会经济文化活动遗址遗迹	EBA 历史事件发生地　EBB 军事遗址与古战场　EBC 废弃寺庙　EBD 废弃生产地　EBE 交通遗迹　EBF 废城与聚落遗迹　EBG 长城遗迹　EBH 烽燧
F 建筑与设施	FA 综合人文旅游地	FAA 教学科研实验场所　FAB 康体游乐休闲度假地　FAC 宗教与祭祀活动场所　FAD 园林游憩区域　FAE 文化活动场所　FAF 建设工程与生产地　FAG 社会与商贸活动场所　FAH 动物与植物展示地　FAI 军事观光地　FAJ 边境口岸　FAK 景物观赏点
	FB 单体活动场馆	FBA 聚会接待厅堂（室）　FBB 祭拜场馆　FBC 展示演示场馆　FBD 体育健身馆场　FBE 歌舞游乐场馆
	FC 景观建筑与附属型建筑	FCA 佛塔　FCB 塔形建筑物　FCC 楼阁　FCD 石窟　FCE 长城段落　FCF 城（堡）　FCG 摩崖字画　FCH 碑碣（林）　FCI 广场　FCJ 人工洞穴　FCK 建筑小品

续表 6-1

主类	亚类	基本类型
F 建筑与设施	FD 居住地与社区	FDA 传统与乡土建筑　FDB 特色街巷　FDC 特色社区　FDD 名人故居与历史纪念建筑　FDE 书院　FDF 会馆　FDG 特色店铺　FDH 特色市场
	FE 归葬地	FEA 陵区陵园　FEB 墓（群）　FEC 悬棺
	FF 交通建筑	FFA 桥　FFB 车站　FFC 港口渡口与码头　FFD 航空港　FFE 栈道
	FG 水工建筑	FGA 水库观光游憩区段　FGB 水井　FGC 运河与渠道段落　FGD 堤坝段落　FGE 灌区　FGF 提水设施
G 旅游商品	GA 地方旅游商品	GAA 菜品饮食　GAB 农林畜产品与制品　GAC 水产品与制品　GAD 中草药材及制品　GAE 传统手工产品与工艺品　GAF 日用工业品　GAG 其他物品
H 人文活动	HA 人事记录	HAA 人物　HAB 事件
	HB 艺术	HBA 文艺团体　HBB 文学艺术作品
	HC 民间习俗	HCA 地方风俗与民间礼仪　HCB 民间节庆　HCC 民间演艺　HCD 民间健身活动与赛事　HCE 宗教活动　HCF 庙会与民间集会　HCG 饮食习俗　HCH 特色服饰
	HD 现代节庆	HDA 旅游节　HDB 文化节　HDC 商贸农事节　HDD 体育节
8 主类	31 亚类	155 基本类型

注：如果发现本分类没有包括的基本类型时，使用者可自行增加。增加的基本类型可归入相应亚类，置于最后，最多可增加 2 个。编号方式为：增加第 1 个基本类型时，该亚类 2 位汉语拼音字母＋Z，增加第 2 个基本类型时，该亚类 2 位汉语拼音字母＋Y。

第二节　秭归文化与旅游资源概况

一、概述

秭归县隶属湖北省宜昌市，位于湖北省西部，长江西陵峡两岸，三峡工程坝上库首。被誉为"中国脐橙之乡""中国龙舟之乡""中国诗歌之乡""中国民间文化艺术之乡""中国美食之乡"和"中国最美外景地"。

秭归县属长江三峡山地地貌，山冈丘陵起伏，河谷纵横交错；属亚热带大陆性季风气候，气候温暖湿润，光照充足，雨量充沛，四季分明，春温多变，初夏多雨，伏秋多旱，冬暖少雨雪。

秭归县历史悠久，文化璀璨，人杰地灵。县名由古归国、夔子国演变而来。这里是世界文化名人屈原的故里,无产阶级革命家、革命烈士夏明翰的诞生地,民族和平使者王昭君的家乡(王昭君为西汉南郡秭归人,即今湖北省宜昌市兴山县)。这里有"屈原故里端午习俗"人类非物质文化遗产名录 1 项,"屈原故里端午习俗""屈原传说""长江峡江号子"国家级非物质文化遗产名录 3 项,省级非物质文化遗产 6 项,市级非物质文化遗产 14 项,县级非物质文化遗产九大类 43 项。

秭归县现拥有国家 AAA 级以上旅游景区 5 个,其中包括 AAAAA 级景区 1 个——屈原故里文化旅游区、AAAA 级景区 2 个——三峡竹海生态风景区、九畹溪景区、AAA 级景区 2 个——链子崖风景区、月亮花谷景区。秭归县是渝东鄂西的交通枢纽,长江上游的交通咽喉,境内拥有长江黄金水道 64km、高速公路 1 条、国道 1 条、省道 5 条,秭归长江大桥是目前世界最大跨度的钢箱桁架推力拱桥,于 2019 年"十一"通车。秭归港连接宜昌的疏港铁路已全面启动。

二、风景名胜

1. 西陵峡风景线

长江三峡为全国十大风景区之一,西陵峡为长江三峡之一。西起香溪口,东至宜昌南津关,全长 75km,由兵书宝剑峡、牛肝马肺峡、崆岭峡、灯影黄猫峡 4 个峡区组成。中间以 31km 的庙南宽谷分成两段,西段由香溪口至庙河称归峡,包括兵书宝剑峡、牛肝马肺峡和崆岭峡;东段在夷陵区境内。

2. 干溪沟大峡谷

干溪沟大峡谷位于县境鹰子山东边,是周坪乡槐树坪汇入九畹溪的一条溪流。穿流于峡谷和岩石之间,溪水清澈见底,溪两岸是幽深高耸的峡谷,人迹罕至,内有光滑陡峭、方方正正突起在山体中的"令牌石";有形态各异、如兵马武士的山峦"兵马俑";有形似笑面打坐的胖和尚"笑石大佛";有层层叠叠、形如灵芝的页岩"灵芝石"等自然景观。

3. 朱棋荒

朱棋荒位于杨林桥镇西南方,距新县城茅坪 75km。景区南北宽 2.5km,东西长 5.3km,海拔最高点老虎笼 1 844.52m。面积约 8 万 m^2,坡度 18°~22°。顶部大坪面积 0.2km^2,地势起伏平缓。

4. 天生桥

天生桥位于新县城西南 120km 处的磨坪乡天井坪村。由天然山石连接而成的自然桥,长约 40m,宽 3m,把两山峡谷横贯。天生桥方圆有犀牛洞、狮子洞、地狱洞等大小溶洞。发源于天生桥的升坪河,泉水潺潺。离桥不远处有一"三龙潭"。

5. 乐平里

乐平里又名屈坪,落脚坪,是屈原诞生地,位于屈原镇境内。因三闾大夫屈原诞生于此,亦名三闾乡,至今尚存有屈原庙、读书洞、照面井等遗址。乐平里立有两块石碑,分别书"楚三闾大夫屈原故里""乐平里"。乐平里有小八景:伏虎降钟、响鼓岩、擂鼓台、照面井、读书洞、玉米三丘、帘滴珍珠、回龙锁水等。

三、旅游景区

1. 屈原故里文化旅游区(AAAAA级)

屈原故里文化旅游区是国家 AAAAA 级旅游景区,与三峡大坝隔江相望,直线距离仅 600m,可近距离观赏三峡大坝全景和高峡平湖美景。屈原故里文化旅游区对屈原文化、峡江文化、移民文化进行了集中展示,也是世界非物质文化遗产"中国端午习俗"的重要传承地。

景区内屈原祠为省级文物保护单位,始建于唐元和十五年(820),原址在归州东5里之屈原沱。宋元丰三年(1080),宋神宗赵顼封屈原为"清烈公",亦称"清烈公祠"。1976年7月,因葛洲坝水利枢纽工程兴建迁于归州城东3里的向家坪。2006年11月10日,三峡工程兴建,屈原祠再次迁建于秭归县城凤凰山。新建屈原祠坐西朝东,平面采用三峡一带常见的中轴线对称布局,与三峡大坝相对辉映。目前,屈原祠已成为海峡两岸交流基地、全省廉政文化教育和爱国主义教育基地、中国华侨国际文化交流基地。

2. 三峡竹海生态风景区(AAAA级)

三峡竹海生态风景区是一个集游览观光、动感体验、休闲度假、科学考察于一体的国家 AAAA 级旅游景区,被誉为"三峡地区的天然氧吧"。景区内有翠竹万亩,名竹三百,如诗意画卷、美不胜收。竹海浴场中放排划舟、亲水戏水;7D玻璃桥、悬崖秋千,惊险刺激;高空滑索,穿越峡谷,飞越瀑布;玻璃滑道,一滑到底,轻松下山;水幕秋千,好玩浪漫。天水峡间,风光旖旎,天地造化,一处尽得。

3. 九畹溪景区(AAAA级)

九畹溪景区是集探险、休闲、观光为一体的国家 AAAA 级旅游景区,以奇山、秀水、绝壁、怪石、名花而闻名。景区分为漂流和观光两段,上段6.4km的探险漂流惊险刺激,急滩飞舟,激情四射,碧水迂回,滩潭相连,享有"中华第一漂"的美誉。下段6.8km的峡谷休闲观光,水深70~100m,碧波悠悠,两岸绝壁相对耸立,山峰姿态各异,植被达100多种以上,可领略原始森林的独特神韵。

4. 链子崖风景区(AAA级)

链子崖景区屹立于兵书宝剑峡和牛肝马肺峡之间,因"链子锁崖"而得名,是国家 AAA 级旅游景区。景区集峡谷观光、休闲旅游、科学考察等于一体,古山川祭坛古老神秘、归乡寺历史悠久、天下第一缝惊险刺激、山崖云雾变幻莫测、脐橙采摘趣味无穷。"北纬30°,神秘链子崖"!

5. 月亮花谷景区（AAA 级）

月亮花谷景区是集户外休闲、科普教育、亲子游乐于一体的国家 AAA 级旅游景区。景区内可干农家活，做农家饭，体验乡村时光；休闲垂钓，帐篷露营，宿花田木屋，住房车酒店，享受集装箱"柜族"生活；俯瞰三峡大坝全景，仰观滑翔飞行表演，在震撼和撞击中放飞心灵。这里还是学生户外课堂、亲子教育、团队拓展培训，以及举办浪漫花田喜事的理想场地。

四、地方特产

秭归县特色农产品以柑橘为主，品种有脐橙、桃叶橙、夏橙、伦晚、椪柑等。多次荣获全国、全省大奖。秭归临近川渝，口味偏重麻辣。特色吃食有烟熏腊肉、芋荷杆、鲊广椒等。

1. 秭归脐橙（图 6-1）

"后皇嘉树，橘徕服兮。受命不迁，生南国兮。"以屈原《橘颂》为据，湖北秭归种植柑橘的历史至少有 2300 年。1995 年 4 月，秭归被国务院农村政策研究发展中心等 5 家单位联合命名为全国首批特产之乡中唯一的"中国脐橙之乡"。从 20 世纪 90 年代起，经过持续品种改良，如今有纽荷尔、长红、红肉、早红、伦晚等 10 多个新品种。伦晚是 20 世纪 90 年代引入的新品，果肉细嫩化渣，果味香甜，含糖量高，是头年开花到第二年 3、4 月份成熟的晚熟品种。

2. 新滩桃叶橙（图 6-2）

新滩桃叶橙主要产于秭归县新滩（现屈原镇），叶形似桃叶，果形端正近圆形，果面橙红光滑，脐部有印圈，皮薄籽少，质脆味甜，香脆可口。1995 年 10 月，在北京第二届中国农业博览会上，屈原镇龙马溪村桃叶橙获金奖。

图 6-1　秭归脐橙

图 6-2　新滩桃叶橙

3. 泄滩夏橙（图 6-3）

泄滩夏橙主产于泄滩乡。每年 4 月上旬开花，次年 5 月成熟，形成"花果同枝"独特景象。泄滩乡是湖北著名"冬暖中心"，为夏橙栽培提供了独特气候条件。泄滩夏橙外形端庄光滑、肉红脆嫩、入口化渣、甜而微酸、风味别具,在其他橙类过季时上市,实现错季销售。2003年12月,通过中国绿色食品发展中心绿色食品A级认证。

4. 秭归椪柑(图6-4)

秭归椪柑主产于沙镇溪、屈原、水田坝等地。每年11月中下旬成熟,果形扁圆,易剥皮,果肉质脆香甜,鲜食极佳,较耐储藏。1995年10月,在北京第二届中国农业博览会上获铜奖。

图6-3　泄滩夏橙

图6-4　秭归椪柑

5. 九畹丝绵茶(图6-5)

九畹丝绵茶主要出产于秭归县九畹溪镇,富含锌、硒等多种对人体有益的微量元素。九畹丝绵茶历史悠久,清朝乾隆期间曾作为皇室贡品,外形条索紧秀均匀,银绿隐翠,嫩叶断面银丝万缕,具有"香高味甘、经久耐泡"的特点,深受各界人士的好评和广大消费者的青睐。2018年8月,被国家知识产权局商标局认定为"中国驰名商标"。

图6-5　秭归县九畹溪镇峡口村一丝绵茶加工车间

五、著名人物

屈原(约公元前 339—约前 278),男,名平,又名正则,字灵均,战国末期楚国归乡乐平里(今秭归县屈原乡屈原村)人,伟大爱国诗人、政治家(图 6-6)。楚顷襄王十一年,秦将白起攻克楚之郢都,楚国君臣向东逃走,迁都陈城。屈原眼见郢都陷落,楚国濒临灭亡,奋笔写下《哀郢》《怀沙》诸诗和他的绝命辞《惜往》:"不毕辞而赴渊兮,惜壅君之不识。"于 5 月 5 日怀石自沉汨罗。屈原是一个爱国诗人,中国浪漫主义文学的奠基人。他一生留下《离骚》《九章》《天问》《九歌》等诗歌 20 多篇,后人将其作品辑为《楚辞》千古流传。1953 年,世界和平理事会将屈原列为当年纪念的世界文化名人之一。

图 6-6 屈原像

夏明翰(1900—1928),男,字桂根,汉族,祖籍湖南省衡阳县,革命烈士(图 6-7)。清光绪二十六年(1900)农历八月初一,夏明翰出生于湖北省宜昌府归州(今秭归县归州镇),1928 年初,夏明翰被党组织派到湖北工作,任省委常委。同年 3 月 18 日,由于叛徒出卖,夏明翰不幸在武汉被捕。3 月 20 日清晨,夏明翰被国民党押往汉口余记里刑场,为中国人民的革命事业壮烈牺牲,年仅 28 岁。

图 6-7 夏明翰

曹秋选(1876—1930),男,汉族,秭归县泄滩区牛口人,农民。民国 17 年(1928 年)春参加革命,同年 5 月加入中国共产党。接着,他先后发展 10 余人加入中国共产党。当年 6 月,秭归第一个共产党组织——中共陈家坡支部委员会建立,曹秋选任支部书记。民国 19 年冬,曹秋选在桂花乡率领赤卫队员和革命群众进行反清乡、反"围剿"的英勇斗争,终因敌强我弱不幸被捕,1930 年就义于桂花乡堰塘湾。

曹秋禄(1873—1930)男,汉族,曹秋选之兄,秭归县牛口乡陈家坡村人,初小文化程度,农民。曹秋禄 1928 年参加革命,同年加入中国共产党。曹秋禄配合其弟曹秋选进行党的地下工作,发展党员,建立农民协会,组织赤卫队,打击反动势力,镇压土豪劣绅。1930 年冬,国民党勾结地方反动武装对桂花苏区进行"围剿""清乡",曹秋禄在秭归泄滩不幸被捕,惨遭杀害,殒年57岁。1986年9月,省政府追认曹秋禄为革命烈士。

林智伯(1877—1948),男,汉族,名树藩,自号"恕凡居士"。秭归县茅坪镇向家坝人。在考取两湖书院举人后被湖广总督张之洞官费派往日本早稻田大学专攻政治经济科。求学期间,与董必武、黄兴、梁启超等结识,加入孙中山领导的同盟会,并以《民报》为舆论工具,抨击清廷祸国殃民。民国34年,林智伯任秭归县参议会议长。次年兼任秭归县县志馆馆长,致力编修《秭归县志》。民国37年拟成篇目十分之六,不幸病故,志稿下落不明。遗著有《塞鸿集》,辑诗词1200余首。

王兆翔(1883—1952),男,汉族,原名宗诚,字申五,秭归县郭家坝镇旧州河人。清光绪二十六年(1900年)肄业于汉阳枪炮学堂,次年回宜昌进学。尔后,肄业于湖北武备学堂,受两湖总督张之洞青睐。光绪三十年五月,壬赴日本就读日本士官学校。学习期间,与蔡锷、唐继尧交往甚密,加入孙中山组织的同盟会。辛亥八月(1911年10月),武昌起义爆发。王兆翔由京返鄂,途中经宁、沪,应蔡锷电召赴滇,任云南讲武堂步兵科长。辛亥九月,云南发动"重九起义"。王兆翔等率步、炮、工各科学生攻克西南城区,助攻军械局及清督府,力战达旦。1952年,因脑溢血去世。云南省人民政府给其家属颁发了"辛亥革命军人家属证明书"。

杜镇远(1889—1961),男,汉族,号建勋,秭归县新滩北岸下滩沱人。清光绪三十三年(1907年)六月入四川铁路学堂。宣统二年(1910年)七月入国立唐山工程学院土木工程系。民国8年,受交通总长叶恭绰委派赴美国研究铁路号志,次年入美国康奈尔大学土木工程科深造,获硕士学位。中华人民共和国成立后,台湾当局以高官厚禄诱杜镇远去台湾。杜镇远却由龙云接洽,于1950年5月携眷回到北京,任铁道部顾问工程师,参事室参事。1957年被错划为右派,1961年12月在北京病故。1979年12月27日,铁道部党组对其错划右派的结论予以改正,恢复名誉。骨灰入八宝山公墓。

第三节　旅游实习路线及内容

路线一　基地—三峡大坝—基地

1. 任务

通过参观三峡水利枢纽工程了解三峡大坝的基本结构、功能,增强学生的爱国之情。

2. 参观内容

(1)五级船闸。
(2)大坝主体。

3. 长江三峡水利枢纽简介

长江三峡水利枢纽位于西陵峡中段,秭归县与夷陵区境内。其附坝与秭归县城连为一体,是当今世界上当之无愧的最大的水利枢纽工程。长江三峡是自然给予中国的一个极为耀眼的礼物,她的壮丽、她的魅力吸引着无数人的目光,当然还有她那让无数水电专家难以抗拒的优异的坝址条件、无穷无尽的电能、对中游平原防洪能力的增强以及为共和国经济所能提供的巨大推动力。

三峡工程大坝坝址选定在宜昌市三斗坪,在葛洲坝水利枢纽上游约40km处(图6-8)。工程开工后,修建了宜昌至工地长约28km的准一级专用公路及坝下游4km处的跨江大桥——西陵长江大桥。

图6-8 三峡大坝坝址图

坝址区河谷开阔,两岸岸坡较平缓,江中有一小岛(中堡岛),具备良好的分期施工导流条件。枢纽建筑物基础为坚硬完整的花岗岩体,岩石抗压强度约100MPa;岩体内断层、裂隙不发育,大多胶结良好、透水性微弱。这些因素构成了修建混凝土高坝的优良地质条件。

三峡工程水库正常蓄水位175m,总库容393亿m^3;水库全长600余千米,平均宽度1.1km;水库面积1084km^2。它具有防洪、发电、航运等巨大的综合效益。

整个工程包括一座混凝重力式大坝、泄水闸、一座堤后式水电站、一座永久性通航船闸和一架升船机。

1)枢纽布置

三峡工程枢纽主要建筑物由挡水泄洪建筑物、水力发电建筑物、通航建筑物等三大部分组成。

枢纽总体布置方案为:泄洪坝段位于河床中部,即原主河槽部位,两侧为电站坝段和非溢流坝段。水电站厂房位于两侧电站坝段后,另在右岸留有后期扩机的地下厂房位置。永久通航建筑物均布置于左岸。三大部分建筑物布置见三峡工程枢纽平面布置示意图(图6-9)。

(1)挡水泄洪建筑物。

由混凝土重力坝的非溢流坝段和溢流坝段组成,坝轴线全长2310m。非溢流坝段用来挡水;溢流坝段顶部装有弧形闸门,非汛期闸门关闭,用来挡水,汛期闸门打开,用来泄洪。大坝坝顶高程(采用的是以吴淞口海平面为零点的高程,以下同)185m、最大坝高181m(新鲜花岗岩岩面高程4m)。

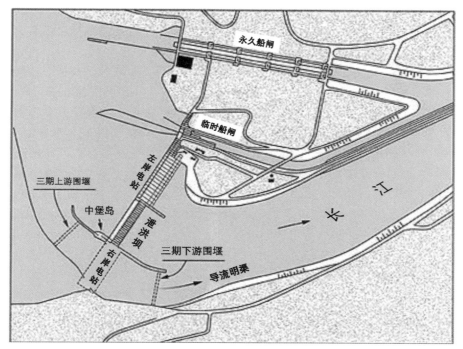

图 6-9　三峡工程枢纽总体布置示意图

(2) 水力发电建筑物。

由左右两侧各一座坝后式水电站厂房组成，两座厂房均紧靠混凝土重力坝的下游坡脚。左侧厂房内安装单机容量为 70 万 kW 的水轮发电机组 14 台，右侧厂房内安装同样容量的水轮发电机组 12 台，共安装 26 台，装机总容量为 1820 万 kW。发电以大坝为辐射，源源不断地送往 1000km 以外的上海、北京、兰州、广州、四川等地区。

(3) 通航建筑物。

由双线五级连续梯级船闸、钢丝绳平衡重式垂直升船机和施工期通航用的临时船闸组成，均位于左岸。五级连续梯级船闸是世界上最大的内河船闸，上下游水位落差达 113m，所谓"双线"，即一条为上行航道，另一条为下行航道。所谓"五级"，即永久船闸分为 5 个层次。为了使普通客货轮快速过坝，在 185 平台旁设计了垂直升船机。垂直升船机的机械原理与升降电梯类似。船到来时，垂直升船机的承船箱闸门打开，让船和水进入承船箱内部，然后关闭闸门，将船一起提升或下降 113m，前后 30～40min 便可过坝。双线五级连续梯级船闸每年下水货运通过能力为 5000 万 t，垂直升船机每次可通过一艘 3000t 级客轮，临时船闸每年下水货运通过能力为 1000 万 t。

2) 三峡工程设计

三峡工程的设计工作由水利部长江水利委员会全面承担。在三峡水利枢纽设计中，大坝、水电站厂房、永久船闸、垂直升船机、二期上游围堰等属于重要单项技术设计。

1992 年全国人大审议通过的三峡工程设计方案是：水库正常蓄水位 175m，初期蓄水 156m，大坝坝顶高程 185m，"一级开发，一次建成，分期蓄水，连续移民"。按初步设计方案，三峡工程土石方开挖约1亿 m^3,土石方填筑约 3000 万 m^3,混凝土浇筑约 2800 万 m^3,金属结构安装约 26 万 t。结合施工期通航的要求,三峡工程采取分三期导流的方式施工。一期围中堡岛以右的支汊,主河槽继续过流、通航。在一期土石围堰保护下,开挖导流明渠,修建混凝土纵向围堰及三期碾压混凝土的基础部分,同时在左岸修建临时船闸,并进行升船机、永久船闸及左岸 1~6 号机组厂、坝的施工。一期工程包括准备工程在内共安排工期 5 年。二期围左部河床、截断大江主河床,填筑二期上下游横向土石围堰,在二期围堰保护下修建河床泄流坝段、左岸厂房坝段及电站厂房,继续修建永久船闸和升船机,江水改由右岸导流明渠宣泄,船舶由明渠和左岸临时船闸通过。二期工程具备挡水和发电、通航条件后,进行明渠截流,利用明渠的碾压混凝土围堰及左岸大坝挡水,蓄水至 135m 时,永久船闸及左岸部分机组开始投入运行。二期工程共安排工期 6 年。三期封堵明渠时,先填筑三期上下游土石围堰,在其保护下,浇筑三期上游碾压混凝土围堰至 140m 高程,水库水位由已建成的河床泄流坝段的导流底孔及永久深孔调节。在三期围堰保护下修建右岸厂房坝段、电站厂房及非泄流坝段,直至全部工程竣工。三期工程安排工期 6 年。

(1)主要水工建筑物。

①大坝。拦河大坝为混凝土重力坝,坝轴线全长 2335m,坝顶高程 185m,最大坝高 181m,顶部宽 15.18m,底部宽 130m,正常蓄水水位为 175m。泄洪坝段位于河床中部,前缘总长 483m,设有 23 个泄洪深孔,底高程 90m,深孔尺寸为 7m×9m,其主要作用是泄洪;22 个泄洪表孔,底高程 158m,尺寸为 8m×17m,其主要作用是泄洪;22 个底孔(用于三期施工导流)底高程 57m,尺寸为 6m×8.5m,其作用为临时泄洪和导流明渠截流之后过水(图 6-10)。下游采用鼻坎挑流方式进行消能,减少水流的冲击力。

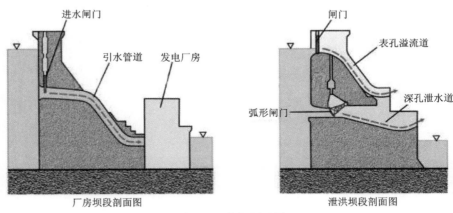

图 6-10　大坝剖面图

电站坝段位于泄洪坝段两侧,设有电站进水口。进水口底板高程为 108.8m。压力输水管道为背管式,内直径 12.40m,采用钢衬钢筋混凝土联合受力的结构型式枢纽,最大泄洪能力可达 102 500 m^3/s,可宣泄可能出现的最大洪水。

②水电站。水电站采用坝后式布置方案,共设有左、右两组厂房。共安装 26 台水轮发电机组,其中左岸厂房 14 台,右岸厂房 12 台。水轮机为混流式,机组单机额定容量 70 万 kW。右岸山体内留有为后期扩机的地下电站位置。其进水口将与工程同步建成。

③通航建筑物。通航建筑物包括永久船闸和升船机,均位于左岸山体内。

永久船闸为双线五级连续梯级船闸。单级闸室有效尺寸为280m×34m×5m(长×宽×坎上最小水深),可通过万吨级船队(图6-11)。

图6-11　永久船闸

升船机为单线一级垂直提升式,承船厢有效尺寸为120m×18m×3.5m,一次可通过一条3000t的客货轮。承船厢运行时总重量为11 800t,采用全平衡钢丝绳卷扬方式提升(图6-12)。

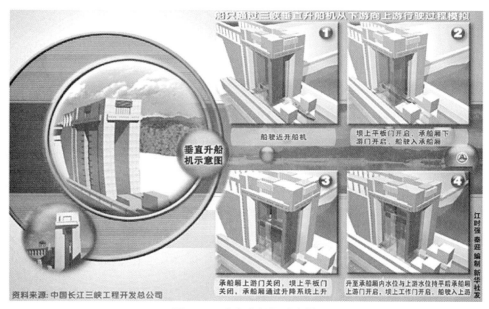

图6-12　垂直升船机示意图

在靠左岸岸坡设有一条单线一级临时船闸,满足施工期通航的需要。其闸室有效尺寸为240m×24m×4m。

(2) 输变电工程。

三峡输电系统总规模为：500kV 交流线路 6519km、交流变电容量 2275 万 kV、直流输电线路 2965km(含三广直流线路 975km)、直流换流站容量 1800 万 kV(含三广直流换流站 600 万 kV)(图 6-13)。

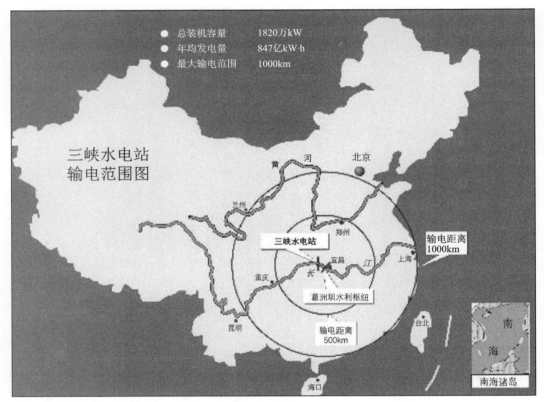

图 6-13 输变电网

(3) 工程主要工程量。

工程主体建筑物及导流工程的主要工程量为：土石方开挖 10 283 万 m³，土石方填筑 3198 万 m³，混凝土浇筑 2794 万 m³，钢筋制安 46.30 万 t，金属结构制安 25.65 万 t，水轮发电机组制安 26 台套。

(4) 移民工程。

三峡水库淹没陆地面积 632km²，涉及重庆市、湖北省的 20 个县(市)。三峡水库淹没涉及城市 2 座、县城 11 座、集镇 116 个；受淹没或淹没影响的工矿企业 1599 家，水库淹没线以下共有耕地(含柑橘地)2.45 万 hm²；淹没公路 824.25km，水电站 9.22 万 kV；淹没区房屋面积 3 459.6 万 m²，淹没区居住的总人口为 84.41 万人(其中农业人口 36.15 万人)(图 6-14)。考虑到建设期间内的人口增长和二次搬迁等其他因素，三峡水库移民安置的动态总人口将达到 113 万人。

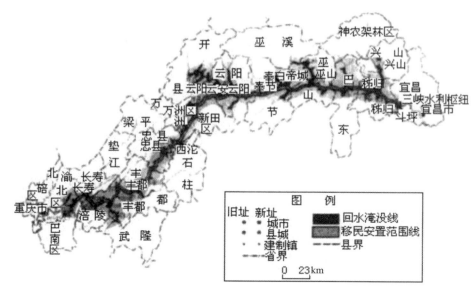

图 6-14　三峡水库淹没范围示意图

根据三峡工程库区移民安置规划,全库区规划建房人口 110.56 万人,规划基础设施人口 120.88 万人;计划 1997 年前迁移 11.56 万人,1998—2003 年迁移 53.21 万人,2004—2006 年迁移 34.98 万人,2007—2009 年迁移 21.13 万人,规划恢复房屋面积 36 878 万 m^2;计划 1997 年迁建 521.13 万 m^2,1998—2003 年迁建 1 554.94 万 m^2,2004—2006 年迁建 1 006.92 万 m^2,2007—2009 年迁建 604.81 万 m^2。

截至 2002 年 7 月底,共搬迁安置移民 64.6 万人,约占全库区规划动迁移民总数 113 万人的 48.4%;其中,14 万人外迁。淹没涉及的万州、涪陵两座城市的新城区已形成规模并入迁移民,10 座县城中的秭归、云阳两座新县城已完成整体搬迁,其他 8 座县城已完成搬迁。

3) 三峡工程功能

(1) 防洪。

兴建三峡工程的首要目标是防洪。三峡水库正常蓄水位 175m,有防洪库容 221.5 亿 m^3。三峡水利枢纽是长江中下游防洪体系中的关键性骨干工程,其地理位置优越,可有效地控制长江上游洪水。经三峡水库调蓄,可使荆江河段防洪标准由约十年一遇提高到百年一遇。遇千年一遇或类似于 1870 年曾发生过的特大洪水,可配合荆江分洪等分蓄洪工程的运用,防止荆江河段两岸发生干堤溃决的毁灭性灾害,减轻中下游洪灾损失和对武汉市的洪水威胁,并可为洞庭湖区的治理创造条件。

(2) 发电。

三峡水电站装机总容量为 1820 万 kW,年均发电量 847 亿 kW·h,将产生巨大的电力效益。三峡水电主要供电地区为华中电网、华东电网、广东和重庆。三峡水电站将引出 15 条 50 万 V 超高压线路,分别向北、东、南 3 个方向接入华中、华东电网,至广东建直流输电工程。

三峡水电站若电价暂按 0.18~0.21 元/(kW·h)计算,每年售电收入可达 181 亿~219 亿元,除可偿还贷款本息外,还可以向国家缴纳大量税费。

每年可少排放形成全球温室效应的二氧化碳 1.3 亿 t,造成酸雨的二氧化硫约 300 万 t 和一氧化碳 1.5 万 t,以及氮氧化合物等。可见,三峡工程也是一项改善长江生态环境的工程。

(3)航运。

三峡水库将显著改善宜昌至重庆 660km 的长江航道,万吨级船队可直达重庆港。航道单向年通过能力可由约 1000 万 t 提高到 5000 万 t,运输成本可降低 35%～37%。经水库调节,宜昌下游枯水季最小流量可从 3000m^3/s 提高到 5000m^3/s 以上,使长江中下游枯水季航运条件也得到较大的改善。

4)三峡库区水位变化

长江三峡工程分三期建设,随着工程的进展,三峡库区水位的变化可划分为 4 个阶段。

第一阶段:1997 年 11 月,大江首次截流,长江水位提高了 10m,江水沿修建在中堡岛的导流明渠下泄,三峡景观基本不受影响。

第二阶段:2002 年底—2003 年 6 月,在导流明渠截流后,大坝将逐步蓄水,长江三峡水位将由 82.28m 提高到 135m。

第三阶段:2006 年 9 月,大坝再次提高到 156m。

第四阶段:2009 年,工程全面完工,经过 20～30 年的运行,其蓄水水位最终达到 175m,坝前水位将提高 110m 左右,每年将有近 30m 的升降变化。

5)三峡工程投资

三峡工程所需投资,静态(按 1993 年 5 月末不变价)为 900.9 亿元人民币,(其中:枢纽工程 500.9 亿元,库区移民工程 400 亿元)。动态(预测物价、利息变动等因素)为 2039 亿元。一期工程约需 195 亿元;二期工程(首批机组开始发电)需 3470 亿元;三期工程(全部机组投入运行)约需 350 亿元;库区移民的收尾项目约需 69 亿元。考虑物价上涨和贷款利息,工程的最终投资总额预计在 2000 亿元左右。

路线二 基地—泗溪—基地

1. 任务

(1)了解风景区的旅游资源的类型及特征。

(2)学习景点描述方法及内容。

2. 观察与记录

No.001

景点名称:天挂五叠水

景点位置:泗溪河谷

观景点 GPS:

景点类型:水域景观——瀑布

景点特征描述:五级瀑布,似天边直挂谷底,落差高达 491m

3. 三峡竹海风景区简介

三峡竹海生态风景区又名泗溪生态旅游区,该景区位于湖北省秭归县茅坪镇境内,地处长江南岸,距长江三峡大坝坝址和秭归县城12km,以大溪等4条溪流而得名。

景区沿大溪水系呈树枝状分布,南北长9km,东西宽1km,中心区域面积9km^2,控制区域20km^2。景区内幽篁修竹,小桥流水,山峦叠嶂,飞瀑蒸腾,植被茂密,竹种繁多,以山、树、洞、竹、水、瀑见长,因其地理区域独特,气候温暖湿润,四季分明,自然生态环境优美,自然风景独特,被誉为"三峡地区的天然氧吧"。

1)发展历史

根据全国旅游景区质量等级评定委员会(2012)年第1号公告,秭归三峡竹海景区被评定为国家AAAA级景区,这是秭归县继九畹溪景区之后又一AAAA级旅游景区,至此,秭归县AAAA级景区已达2家。

从2010年12月起,三峡竹海景区经过精心策划、科学规划,投入近3000万元,按照AAAA级景区标准进行了全面改造、提档升级,兴修景区内道路达10余千米,对圣水湖、五叠水进行改造,改造和新建各型景观桥11座,新建星级宾馆滴翠楼1栋,新建了百竹苑等多处景观景点,建设了生态停车场、旅游商品服务部,并对景区内绿化等环境进行了综合整治,对软件设施进行了更新和配套,于2011年5月全面完工并对外营业,其先进的软硬件设施、优美的环境、优质的服务受到了社会各界和广大游客的称赞。2011年8月,国家旅游局、湖北省旅游局组织专家对该景区按照AAAA级景区标准进行了全面评定,于2012年1月9日正式公告评定为AAAA级景区。

本次湖北省被评定为AAAA级景区的共4家,其中宜昌市仅三峡竹海景区1家。三峡竹海景区被评定为国家AAAA级景区,将对进一步提高全县旅游业质量和扩大秭归旅游的知名度起到促进作用,从而推动秭归旅游业实现跨越式发展。

2)自然资源

三峡竹海旅游区自然景观融山、水、竹、树、洞、瀑为一体。山景奇特,有玉兔峰、枫竹岭、金鸡报晓,人与佛等自然景观;泗溪水景优美,竹海浴场泛竹排,藤桥上面看怪,碧水长阶赏水花,土地岩边找迷泉;泗溪竹类有笻竹、斑竹、撑麻青竹、实心竹、金镶玉竹、糙花少穗竹、阔叶箬竹、黄槽刚竹、高节竹等300多个品种,面积达10 000多亩;可品享非草非木,不柔不刚的植物景观。有国家保护树种铜钱树,人称"摇钱树";溶洞比较发育,有龙王洞、白岩洞,鱼泉洞等近10个洞穴;区内三吊水瀑布落差高达389m,是少见的高瀑布之一,分三级飞流直下,雾气冲天,彩虹横跨;区内有典型溶洞发育,水资源丰富,形成树枝状水系,瀑布飞涧,激流奔腾,植被茂密,温暖湿润,四季分明,这里有猕猴、野山羊等几十种野生动物繁衍栖息,为景区平添了无限的生机,是不可多得的生态旅游区。

3)主要景点

(1)圣水天上来。水似天上奔腾而下,却难以探明其源头。

(2)养生在竹海。畅游其中,犹如置身世外,空气清新,令人神清气爽。

(3)天挂五叠水。五级瀑布似天边直挂谷底,高达491m,是亚洲最高的瀑布。

(4)人间百竹苑。这里气候独特,孕育了两百余种竹子,是竹文化、竹科普极佳之地,也是品味笛箫诗画意境之地。

(5)泛舟圣水湖。竹排荡漾,龙舟起舞,欢歌笑语,激情飞扬。

(6)健身柳林寨。智慧和勇气在这里拓展。

(7)溯溪圣水涧。溯溪而上,探寻圣水神秘,求索欢乐源头。

(8)膳食滴翠楼。把酒圣水湖光,对歌滴翠山色,品尝竹海山珍。

路线三 基地—屈原祠—基地

1. 任务

(1)了解屈原及民俗文化。

(2)参观屈原故里。

(3)参观民俗建筑。

2. 观察与记录

No.001

景点名称:屈原祠

景点位置:

观景点 GPS:

景点类型:

景点特征描述:

3. 屈原祠简介

屈原祠位于秭归县东1.5km长江北岸的向家坪,又称清烈公祠,占地面积约30亩,为纪念屈原而建。屈原祠始建于唐元和十五年(820年)。1978年建葛洲坝水利枢时,将它迁至向家坪,且按原貌重建。

屈原祠以屈原文化为统领,是三峡库区能够把物质文化遗产和非物质文化遗产保护利用充分结合起来的重点区域。

2006年被国务院公布为第六批"全国重点文物保护单位"。

2015年12月,屈原祠入选长江三峡30个最佳旅游新景观之一。

1)建设沿革

唐元和十五年(820年),右神策将军王茂元出任归州刺史,喟叹屈原"诞灵是所,庙貌无睹",便在州城东5里的屈沱建了一座屈原祠。"神像章服,悉遵唐制",并作了一篇《楚三闾大夫屈先生祠堂铭并序》。这大约是秭归最早的一座屈原祠。

宋元丰三年(1080年),宋神宗尊封屈原为"清烈公",将屈原祠修缮并更名为"清烈公祠"。以后,自元、明到清嘉庆二十五年(1820年)历任州官,对清烈公祠多次进行维修,并晓州民:"岁以五月五日致祭"。祠为硬山顶,四合院式,由山门、配房、大殿、后殿组成,建筑面积 350m²。

元泰定初年(1324年)，归州知州王秃哥不花对清烈公祠进行修葺，拖了很久没有完工，祠宇近乎偏废。

元至正二年(1342年)，知州密儿哈吗提议再修，并将自己的俸银拿出一部分率先倡导，乡绅富户纷纷赞助，于第三年将新祠建成，密儿哈吗提议改为"清烈公庙"，请湖广儒学提举黄清老作了一篇《清烈公庙记》。

明万历二十五年(1597年)知州孙鹤年，清康熙八年(1669年)知州王景阳，雍正十一年(1733年)湖北学政凌如焕，乾隆四十六年(1781年)知州王沛膏，嘉庆二十五年(1820年)知州李火斤相继维修。

1976年，长江葛洲坝水利工程兴建，江水升高，清烈公祠缘此由秭归县人民政府将其迁往距县城3km的向家坪，重新更名为"屈原祠"。

2) 文物遗存

屈原祠总面积33.3hm²，祠堂内有：山门、屈原青铜像、屈原衣冠冢、纪念屈原陈列馆、东西碑廊等。

山门建筑风格独特，歇山重檐，三面牌楼，六柱五间，三级压顶。三面牌楼通高20m。郭沫若先生手书"屈原祠"3个苍遒的大字镶嵌在牌楼上方正中的天明堂；襄阳王树人所书的"孤忠""流芳"分嵌左右额枋；大门门储匾额上闪烁着"光争日月"4个金光灿灿的大字。山门色彩匠心独具，立柱土红色，墙面白色，屋面绿色琉璃瓦。山门两侧配房为硬山顶，滚龙背，面墙正中有一巨大圆弧浮雕，中饰"龙凤呈祥"图案。

屈原青铜像矗立在屈原祠中心的大坝上，通高6.42m，像高3.92m，总重3t。头微低，眉宇紧锁，体稍前倾，迈动右脚，提起左手，两袖生风，表现出屈原爱国爱民的满腔激情和孤忠高洁的精神境界。

屈原衣冠冢也为屈原墓，随屈原祠迁徙而建，占地120m²。墓上青狮白象，鱼吻翘昆，墓前拜台，香炉正中，供凭吊屈原燃烧香火之用。墓前三排六柱八字开扇。外石柱镌有"汨水怀沙千古遗恨，归山枕袖万世流芳"楹联。四根内柱的楹联是"崔嵬丰碑矗在地，凛然浩气贯长虹"，"千古忠贞千古仰，一生清醒一生忧"。上柱间嵌着一块《重修楚大大墓碑记》，将屈原生平及不朽精神镌刻其间。墓前两侧一对明代大石狮。墓中有一通道，透过石门可窥见一红漆古棺悬吊其内，棺被一巨大莲花石座所托，俗称"屈原吊棺"。

纪念屈原陈列馆坐落在青铜像大坝上，系歇山大屋顶，白墙琉璃瓦，建筑面积640m²，陈列馆正面匾额上悬挂着郭沫若先生的手迹："屈原纪念馆"。馆内分上下两层。下展厅陈列有介绍屈原生平的图片、绘画、诗词、乐曲、书法、屈原研究论文和历代各种版本的《楚辞》以及明嘉靖十六年归州百姓捐款镌刻的一尊高1.03m、重500余斤的屈原石像。上展厅陈列有在秭归境内出土的各种珍贵文物。陈列馆四周柑橘树、竹林、桃园布局合理，相得益彰，幽静雅致，环境迷人。

东西碑廊呈南北走向，廊柱撑架，歇山大角屋顶。廊内屈原的《离骚》《九歌》《九章》《天问》等22篇诗作和历代文人墨客歌颂屈原的诗句手迹，镌刻在青石碑上。

3)文物价值

屈原祠是为纪念屈原而修建的,屈原,公元前340年诞生于秭归县乐平里,是中国最早的伟大爱国诗人。他曾在古代楚国做过左徒和三闾大夫,后因奸臣排挤而被放逐江南,当楚国被秦兵攻破时,他愤而以身殉国,投汨罗江而死。其《离骚》《九章》《九歌》等诗篇,声贯古今,名扬中外,1953年,联合国教科文组织将屈原列为世界文化名人。其祠堂对研究屈原文化具有相当重要的价值。

屈原祠以屈原文化为统领,是三峡库区能够把物质文化遗产和非物质文化遗产保护利用充分结合起来的重点区域,将成为三峡库区最大的文化遗产保护基地和屈原文化展示平台,更有利于屈原文化的传承和发展。

4)文物保护

元、明、清时期屡坏屡修,才得以保存。1978年建葛洲坝水利枢时,将它迁至今址,且按原貌重建。

屈原祠的修建与完善,不仅得到各级政府的支持,还得到党和国家的高度重视,江泽民、李鹏、朱镕基、李瑞环、胡锦涛、乔石、钱其琛等20多位党和国家领导人亲临屈原祠视察指导。迁建以来,省、县两级共投资89万元。该县用了两年时间完成了古建筑原貌恢复、设施设备修复。

2006年被国务院公布为第六批"全国重点文物保护单位"。

第七章　城市土地利用认识

第一节　关于城市及城市规划

一、城市

1. 城市的概念

城市也叫城市聚落，一般包括住宅区、工业区和商业区并且具备行政管辖功能。城市的行政管辖功能可能涉及较其本身更广泛的区域，其中有居民区、街道、医院、学校、公共绿地、写字楼、商业卖场、广场、公园等公共设施。

2. 城市等级

1）以城区常住人口划分

城市规模划分标准是由《关于调整城市规模划分标准的通知》明确提出的城市划分标准，即新的城市规模划分标准以城区常住人口为统计口径，将城市划分为五类七档：小城市、Ⅰ型小城市、Ⅱ型小城市、中等城市、大城市、Ⅰ型大城市、Ⅱ型大城市、特大城市、超大城市。

城区常住人口50万以下的城市为小城市，其中20万以上50万以下的城市为Ⅰ型小城市，20万以下的城市为Ⅱ型小城市。

城区常住人口50万以上100万以下的城市为中等城市。

城区常住人口100万以上500万以下的城市为大城市，其中300万以上500万以下的城市为Ⅰ型大城市，100万以上300万以下的城市为Ⅱ型大城市。

城区常住人口500万以上1000万以下的城市为特大城市。

城区常住人口1000万以上的城市为超大城市。

（以上包括本数，以下不包括本数。）

2）以城市影响力划分

世界城市：能全世界（或全球）配置资源的城市，也称"全球化城市"。通常，城区人口1000万以上、城市及腹地GDP总值达世界3%以上的城市，能发展为世界城市。纽约、东京、伦敦已建成世界城市。

国际化城市：能在国际上许多城市和地区配置资源的城市，也称"洲际化城市"。通常，城区人口500万以上、城市及腹地GDP总值达3000亿美元以上的城市，能发展为国际化城市。

芝加哥、大阪、柏林、首尔等已建成国际化城市。

国际性城市：能在国际上部分城市和地区配置资源的城市。通常，城区人口500万以上、腹地较小的城市，以及人口2000万以上新省区的省会城市均有望发展为国际性城市。

区域中心城市：能在周边各城市和地区配置资源的城市。通常，城区人口300万以上、腹地人口千万以上的城市均有望发展为区域中心城市。

地方中心城市：主要在本城市、本地区配置资源的城市。通常，城区人口300万以下、腹地人口千万以下的城市只能发展为地方中心城市。

3）等级影响

城区人口5万以上，才有基本的生活服务业。

城区人口20万以上，才有较好的生活服务业。

城区人口50万以上，才有较发达的生活服务业。

城区人口100万以上，才有较好的产业服务业。

城区人口200万以上，才能以合理的税费，提供较好的公共服务，否则服务不足或腐败。

城区人口300万以上，才能支撑较发达的公共交通业，比如地铁和航空等，容易建成全国性大都市。

城区人口500万以上，才能有较发达的国际化公共服务业，容易建成国际化大都市。

城区人口1000万以上，才会有较发达的全球化公共服务业，容易建成全球化大都市。

但是，城区人口超过1000万时，会发生城市病；城区人口超过2000万时，会发生较严重的城市病。

所以，最宜居的城区人口为300万～1000万（300万～500万为偏舒适型宜居城市，500万～1000万为偏事业型宜居城市）；实力最强的城区人口为1000万～2000万。

二、城市规划

1. 城市规划的概念

城市规划是规范城市发展建设，研究城市的未来发展、城市的合理布局和综合安排城市各项工程建设的综合部署，是一定时期内城市发展的蓝图，是城市管理的重要组成部分，是城市建设和管理的依据，也是城市规划、城市建设、城市运行3个阶段中的前提。

城市规划是以发展眼光、科学论证、专家决策为前提，对城市经济结构、空间结构、社会结构发展进行规划，常常包括城市片区规划。城市规划具有指导和规范城市建设的重要作用，是城市综合管理的前期工作，是城市管理的龙头。城市的复杂系统特性决定了城市规划是随城市发展与运行状况长期调整、不断修订、持续改进和完善的、复杂的连续决策过程。

2. 城市规划体系

城市规划体系包括3个方面的内容：规划法规体系、规划行政体系和规划运作体系。城市规划体系构成了开展城市改造的制度框架和组织结构。

我国自2008年起已正式施行《城乡规划法》，我国城乡规划体系包括3个方面的内容：城乡规划法律法规体系、城乡规划行政体系、城乡规划工作体系。

城乡规划法规体系包括:法律、法规、规章、规范性文件、标准规范。

城乡规划行政体系包括:城乡规划行政的纵向体系、城乡规划行政的横向体系。

城乡规划工作体系包括:城乡规划的编制体系、城乡规划实施管理体系(城乡规划的实施组织、建设项目的规划管理、城乡规划实施的监督检查)。

知识结构体系如下。

1)城市规划法规体系的基本概念

(1)法律法规——国家和地方(各省、自治区、直辖市、有立法权的城市)法规体系;地方性法规必须以国家法律、法规为依据。

(2)技术法规——国家或地方制定的专业性标准和规范,分为国家标准和行业标准。

2)城市规划行政体系的基本概念

(1)我国城市规划行政体系由不同层次的城市规划行政主管部门组成——国家、省(自治区、直辖市)、城市。

(2)各级城市规划行政主管部门对同级政府负责。

(3)各级城市规划行政主管部门对下级进行业务指导和监督。《国务院关于加强城乡规划监督管理的通知》(国发〔2002〕13号)文件指出:设区城市的市辖区原则上不设区级规划管理机构,如确有必要,可由市级规划部门在直辖区设置派出机构。

3)城市规划编制体系的基本概念

城市规划编制体系由以下3个层次的规划组成。

(1)城镇体系规划——全国、省(自治区)、跨行政区域、市域、县域5个类型。

(2)城市总体规划——总体规划纲要、总体规划;分区规划;专项规划。

(3)详细规划——控制性、修建性详细规划。

第二节 秭归城镇概况

一、新县城发展现状

秭归县城分茅坪小区、中心区、文教区、工业区、旅游风景区五大区建设。

新县城于1992年12月26日开工建设,1998年9月28日正式建成。充分发挥县城对全县社会经济发展和小城镇建设的龙头带动作用,完善城市功能,提升城市品位,拓展城市骨架,发展壮大新县城。按照"一主(县城)两翼(南翼、北翼)拓骨架,三区(九里工业园区、平湖运动休闲区、港口区)开发上水平,城市建设出精品,城镇管理上台阶"。县城南翼以拓展九里工业园区骨架为重点,加快基础设施建设步伐,加速园区工业结构优化升级和工业项目建设;北翼以沿江路为轴线,充分发挥县城至鸳珠岭黄金岸线资源优势,以建设三峡工程翻坝运输主导港口为目标,加快基础设施和配套功能建设步伐。用5年时间,把秭归港口建成三峡地区中转主导港口,建成功能完善的坝上区域性物流中心和初具规模的船舶修造工业基地。以水上政务、港口服务为目标,规划建设银(银杏沱)曲(曲溪)组团,逐步形成区域服务中心。以沿江公路旅游资源为依托,适度开发建设旅游项目,建成凤凰山文化旅游景区、木鱼岛国际度假中心、郑家花园平湖休闲区,深度开发链子崖景区,逐步开发金缸城休闲度假区、鸳珠岭休闲度假区。进一步抢抓三峡工程建设机遇,大力发展县城工业、旅游、港口经济,壮大县城发展的产业支撑,加强县城生态环境和人居环境建设,大力实施可持续发展战略,把县城建设成为功能齐全、环境优美、有产业支撑和旅游特色的坝上库首明星城市(图7-1)。

图 7-1　秭归县中心城区建设现状图

二、城市总体规划(2012—2030)简介

到 2030 年秭归县用地规模为 19km²,人口达到 20 万。总规确定的城市性质为屈原文化为底蕴的坝上库首旅游名城、长江三峡地区重要的物流基地和中转枢纽、宜昌长江城镇聚合带西部的副中心城市。总规确定城市职能为旅游、物流和工业。旅游职能就是把秭归融入三峡国际旅游目的地和鄂西生态文化圈的通行证,建成三峡景区重要的生态文化休闲旅游度假胜地。物流职能就是依托物流产业园和翻坝高速,形成区域性枢纽港区,促进三峡枢纽区域及沿长江中西部地区的更为经济的运输结构转变。工业职能就是依城依港布局,优势产业集群化:利用本地优势资源,形成特色农产品加工、食品加工、矿产资源开发等资源型产业群;传统产业新型化:改造提升服装制鞋业、水泥建材工业,扶持产业关联度大、带动效应强、经济效益好的重大技术改造项目,实现高效率、低能耗和"零污染";新型产业规模化:大力培育电子信息、生物医药、新材料等科技含量高的先导产业,形成系列化开发体系,以生态工业园为空间载体,生态产业园为重点,建成三峡库区重要的生态经济示范基地,使秭归成为三峡库区中县域经济发展的"领头羊"。

1. 城市规划区范围

城市规划区为规划管理控制范围。本次城市规划区行政管辖范围包括茅坪镇全域,即西楚、橘颂、滨湖、陈家冲、九里、杨贵店、陈家坝、建东、溪口坪、乔家坪、泗溪、花果园、月亮包、罗家、金缸城、长岭、银杏沱、松树坳、中坝子、兰陵溪、庙河 18 村,3 个社区,110 个村民小组,总面积 206km²。这次规划范围分为 3 个层次:县域、城市规划区和中心城区。其中中心城区土地利用现状见图 7-2。

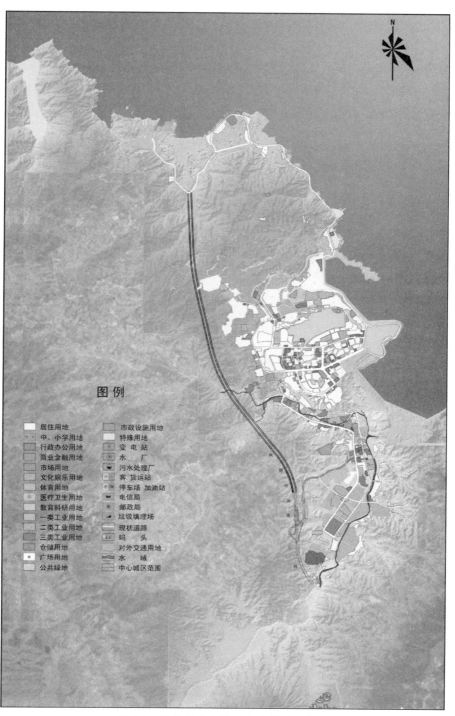

图 7-2　秭归县中心城区土地利用现状图

2. 规划期限

本次规划期限为 2012—2030 年。其中，近期：2012—2015 年；中期：2016—2020 年；远期：2021—2030 年。

3. 城市发展目标与定位

(1)全国知名的屈原文化旅游名县。
(2)三峡库区重要的生态经济示范基地。
(3)长江经济带中以翻坝物流为特色的区域交通枢纽。
(4)鄂西生态文化圈核心区组成部分，宜昌重要的休闲度假胜地。

4. 城镇发展战略

采取"强化中心、点轴开发"的城镇发展战略，极化中心城市，强化县域副中心，重点打造沿江城镇发展带，积极培育三乡镇发展轴，成为宜昌城镇聚合带上的重要组成部分(图 7-3)。

5. 城市人口规模

县域常住人口：2015、2020、2030 年稳定在 38 万人左右。
城镇化水平：2015、2020、2030 年分别达到 42%、50%、63%。
城镇人口：2015、2020、2030 年分别达到 15.8 万人、18.9 万人、24 万人。

6. 城镇体系空间结构(图 7-4、图 7-5)

城镇体系形成"一主一副，一带三轴"的空间结构。
主中心：秭归城区。副中心："郭家坝-屈原-归州"跨江联合组群。一带：沿江城镇发展带。三轴：贯穿南北的发展轴(沿兴山-长阳高速公路，串联县域副中心、九畹溪、杨林桥)；西南发展轴(串联县域副中心、两河口)；西北发展轴(串联县域副中心、水田坝乡)。

7. 县域产业发展与布局(图 7-6)

农业：因地制宜、特色经营、基地建设、专业组织。
工业：沿江发展、一区两点、产业集群、三足鼎立。
旅游业：文化先导、一区两线、库区整合、区域融合。
物流业：水陆并重、两岸分流、做强翻坝、以港兴区。

8. 公路规划

规划建设峡口至堡镇公路的过江通道香溪长江大桥，以江南江北两条大通道以及峡堡省道两横(二级公路)一纵(一级公路)为骨架，以周聚、太磨等县乡道为干线(三级公路)，以乡村道路为支线(四级公路)的公路网络，多方位连接周边沪蓉、沪渝、翻坝高速以及 209、318 国道，构成内畅外联的公路大网络(图 7-7)。

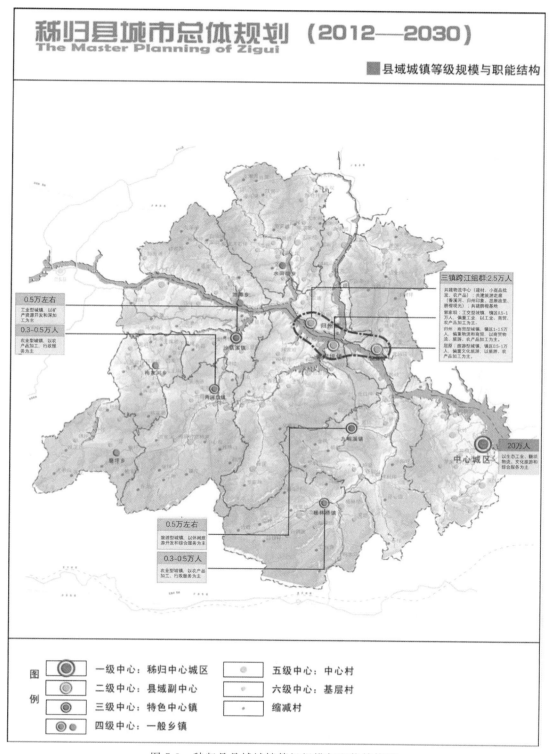

图 7-3 秭归县县域城镇等级规模与职能结构图

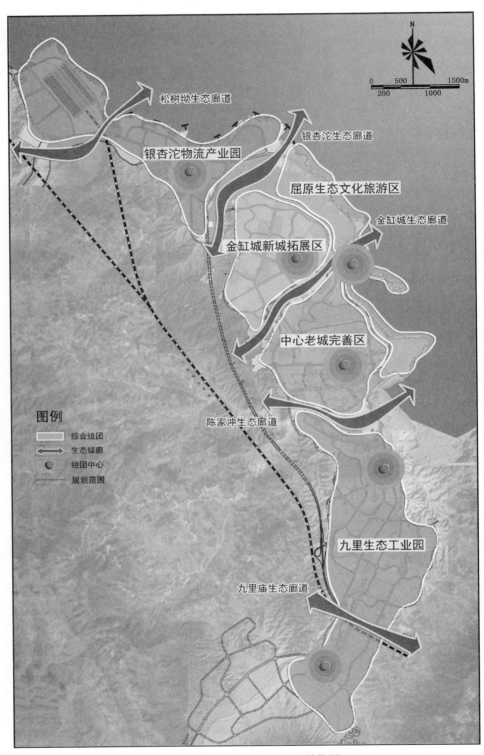

图 7-4　秭归县中心城区空间结构图

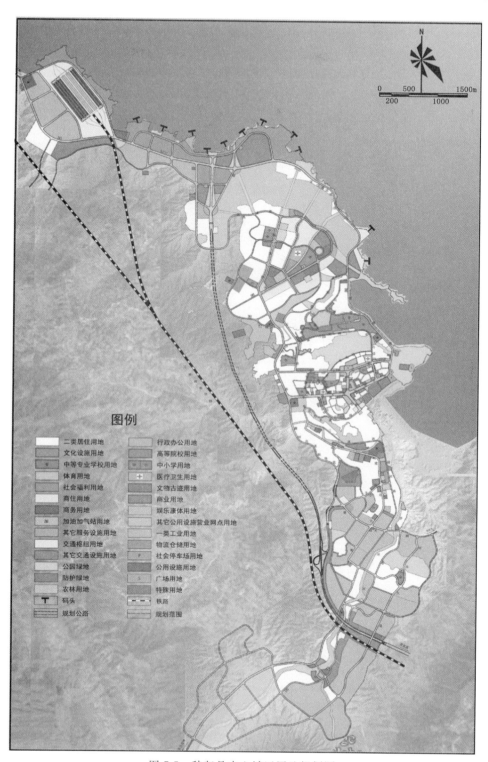

图 7-5　秭归县中心城区用地规划图

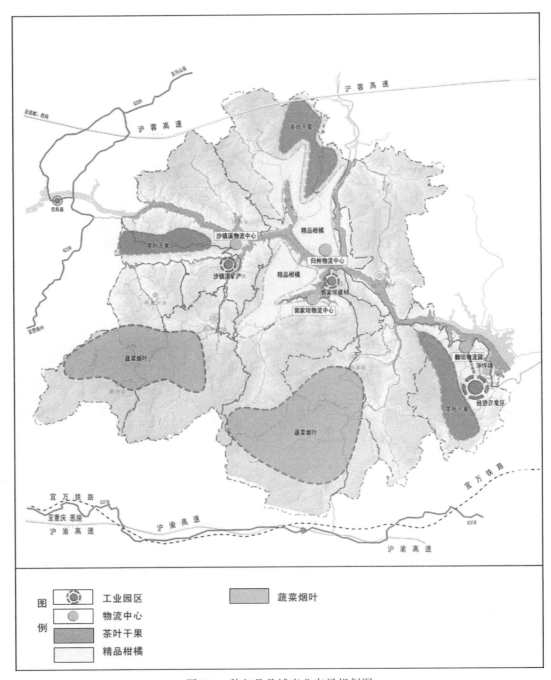

图 7-6 秭归县县域产业布局规划图

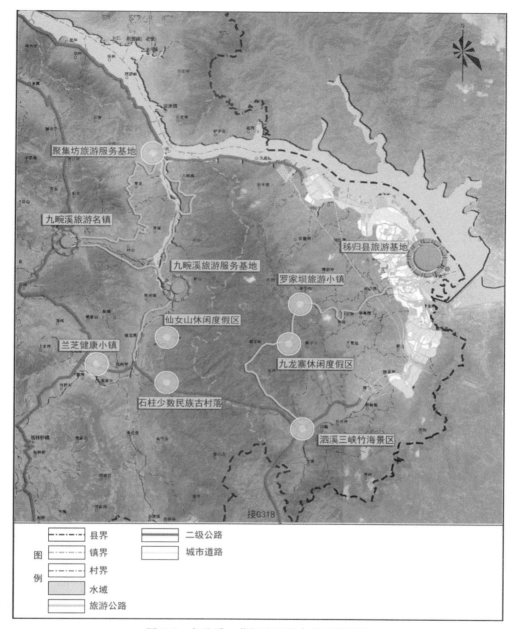

图 7-7　九畹溪—茅坪地区联合发展设想图

9. 水路规划

全县水路将以"航道网络化、船舶标准化、港口机械化、管理信息化、配套一体化"为发展目标，以改造青干河、童庄河、吒溪河航道和茅坪翻坝枢纽港建设为重点，加速以港口为依托的物流中心建设。进一步改善茅坪港口集疏运功能，抓好港口岸线与库岸治理综合配套工程，改善港口岸线，美化港口环境。

三、中心城区控制性详细规划

1. 规划范围与规模

本次规划范围为：北起花园路，东至屈姑食品、帝元食品用地界线，南到三溪路，东临长江，规划总用地约 5.1km²，其中城市建设用地面积 4.85km²。规划人口规模 7 万人。

2. 规划结构

本次规划形成"一带两轴、两心六片"的规划结构：
一带——指沿滨湖大道形成的滨江景观带。
两轴——指明珠大道城市综合发展轴和平湖大道城市生活服务轴。
两心——指中部的行政商贸综合服务中心和夔龙山绿心。
六片——分为北部、中部、南部 3 个居住片，文体教育服务片，西部产业片和东部文化旅游片（图 7-8）。

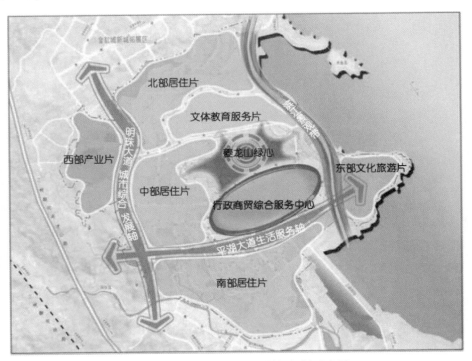

图 7-8　秭归县中心控制性详细规划示意图

3. 土地利用规划

1) 居住用地

规划形成 4 个居住社区，规划居住用地总面积 143.9hm²。

2) 公共管理与公共服务设施用地

(1) 行政办公用地：规划对现状市级行政办公用地予以保留，规划行政办公用地面积 9.98hm²。

(2) 文化设施用地：完善现有文化活动设施，恢复工人文化宫文化功能，在居住（小）区结合社区中心布置 4 处社区文化活动站，规划文化设施用地面积 1.75hm²。

(3) 教育科研用地：规划保留中国地质大学（武汉）秭归教学科研基地、现状职业教育中心，中小学现状可满足规划需求，不再增加中小学用地，规划教育科研用地面积 37.25hm²。

(4) 规划保留现状体育中心，结合绿地建设和完善全民健身设施及社区体育设施，共布置 10 处社区级体育活动场所，确保每千人享有 500m² 的健身活动场所。规划体育用地面积 7.06hm²。

(5) 医疗卫生用地：规划保留现状市级县中医院，扩建县妇幼保健院，县人民医院迁至金缸城新城，其原址改建为县妇幼保健院，在各社区中心配建社区卫生服务站，每处建筑面积不小于 200m²，共计 4 处，规划医疗卫生用地面积 3.6hm²。

规划公共管理与公共服务设施用地面积为 61.31hm²，占城市建设用地面积的 12.64%。

3) 商业服务业用地

商业服务业设施用地规划沿平湖大道、长宁大道、屈原路、丹阳路布局，保留现状 1 处加油站，规划新增 1 处加油站，规划加油加气站用地总面积 0.54hm²。

规划商业服务业设施用地面积 70.32hm²，占城市建设用地的 14.49%。其中，商业、行政办公混合用地（BA）面积 6.27hm²，商业、居住混合用地（BR）面积 41.02hm²。

4) 工业用地

(1) 规划区内不再新增工业用地，现状工业不允许引进占地多、低附加值、高耗能、高污染的企业，而要着力发展高附加值、高效益的产业，引进高科技、无污染的企业。

(2) 工业用地主要集中分布在明珠大道西侧，主要为现状屈姑食品、帝园食品等一类工业用地，用地面积为 29.23hm²，占城市建设用地面积的 6.02%。

5) 物流仓储用地

规划保留现状烟草和盐业公司仓库，规划一类物流仓储用地面积为 2.48hm²，占城市建设用地面积的 0.51%。

6) 道路与交通设施用地

(1) 道路与交通设施用地面积为 63.41hm²，占城市建设用地面积的 13.07%。

(2) 城市道路：规划将城市道路分为主干道、次干道和支路三级。规划主干道 10 条、次干道 4 条、支路 35 条。

(3) 慢行系统：规划在平湖大道、屈原路、桔颂路和建东大道两侧或道路内部控制 3.5~5m 道路绿化，用以城市绿道的建设，连通滨湖大道、凤凰山、三汇溪和茅坪河等滨水公共空间，在秭归县城内北连银杏沱物流区、南接九里工业园，形成较为完整的城市慢行系统。

(4) 静态交通设施：规划保留县城现状长途客运站，用地面积 1.02hm²，为三级客运站。规划 6 处社会停车场，总用地面积 2.87hm²。

(5) 交叉口视距三角形内建筑物、构筑物、广告设施、绿化建设规定：任何建筑物、构筑物、广告设施不得阻挡交叉口视距三角形内的视线，该范围内的绿化不得高于 0.7m。

（6）建筑物与道路红线间用地的综合用途规定：建筑物与基本后退红线间的用地原则上应由建设单位用作绿化、停车等；基本后退红线与道路红线之间的用地由规划管理部门统一管理，原则上沿商业、市场街面的可用作加宽人行道，否则，一律作绿化用地。该地段内需设置广告的由规划管理部门审批。

7）公用设施用地

规划公用设施用地面积为 8.28hm^2，占城市建设用地面积的 1.71%。

8）绿地与广场用地（图 7-9）

（1）本规划规定的绿地包括公园绿地、防护绿地，绿地内允许建设少量游戏设施，总建筑面积不得超过绿地面积的 5%。

（2）规划市级公园 4 处，社区级公园 5 处，街头绿地 8 处，规划公园绿地总面积为 99.37hm^2，占城市建设用地面积的 20.48%，人均 14.2m^2。

（3）防护绿地：工业用地与村民居住用地之间的防护隔离绿地和护坡防护绿地。规划防护绿地总面积 2.52hm^2。

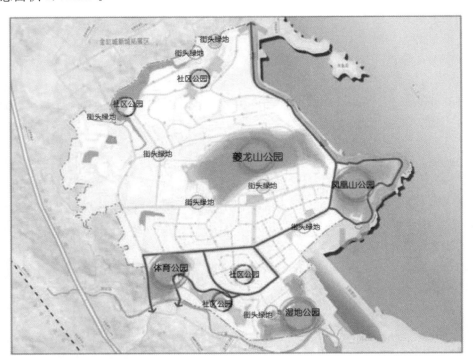

图 7-9　园林绿地系统规划示意图

第三节　城市认识实习路线及内容

路线一　基地—秭归县政府—基地

1. 任务

（1）了解秭归新城的基本概况。

(2)认识城市的行政中心、商业中心、了解城市道路系统。

2. 观察内容

No.001

点位:秭归县市政广场(长宁大道与屈原路交会处)。

GPS:

点义:认识城市的行政中心与行政职能部门的建筑布局。

观察描述:

秭归县政府大楼坐北朝南,门前市政广场正对城市中轴线的屈原路。沿长宁大道与屈原路分布各个市政部门,构成秭归行政中心。

屈原路为三块板结构,宽约36m,分有双向车道、绿化隔离带、非机动车道、人行道。

长宁大道为一块板结构,宽约20m,分有双向车道、非机动车道、人行道。

工作:绘制平面草图(1:2000)

No.002

点位:平湖大道与屈原路交会处。

点义:认识城市的商业中心与城市主干道。

GPS:

观察描述:

沿平湖大道与屈原路分布有阳光国贸、东方百货等商场,与金融、电信营业机构,构成秭归新城商业中心。

平湖大道为三块板结构,宽约36m,分有双向车道、绿化隔离带、非机动车道、人行道。是秭归新城的城市主干道。

工作:商业布局调查;主干道机动车流量统计。

路线二 基地—山水龙城小区—银杏沱小区—基地

1. 任务

(1)了解秭归房地产开发概况。

(2)了解秭归三峡移民住宅小区现状。

2. 观察内容

No.003

点位:山水龙城小区(可根据实际情况选择)

GPS:

点义:认识城市房地产开发的基本过程。

观察描述:

山水龙城位于秭归北部,紧邻三峡库区,是秭归最大的房地产开发项目之一,目前山水龙城2期,建筑总面积31 000m^2,其中住宅面积25 000m^2,商铺面积6000m^2。房地产开发一般要获得土地使用权(招、拍、挂)、土地规划许可、建筑规划许可、建筑施工许可、房屋预售许可。

工作:调查房屋户型、价格、销售等情况。

No.004

点位:银杏沱小区

GPS:

点义:了解秭归三峡移民住宅小区现状。

观察描述:

银杏沱小区建于1997年,是三峡移民的第一批试点。房屋多为两层,行列式布局,南北朝向,与沿江公路垂直,间距5~6m。小区配套有小学、商店、卫生所,集中供水、排水。农业主要以旱作、柑橘种植为主。国家领导人曾多次视察银杏沱小区。

工作:入户调查移民居住、生活情况。

路线三　基地—九里工业园—基地

1. 任务

了解秭归九里工业园开发概况。

2. 观察内容

No.005

点位:九里工业园。

GPS:

点义:秭归九里工业园开发土地规划。

观察描述:

九里工业园位于秭归南侧,建设大道纵贯园区,主要工业类型有纺织、印染、医药以及食品加工等。九里工业园区是秭归城市发展的重点,目前正在加快基础设施建设步伐,加速园区工业结构优化升级和工业项目建设,建成规模约3.5km^2。

工作:沿建设大道及省道调查企业分布;绘制平面草图(1∶2000)。

附:秭归九里工业园控制性详细规划。

1. 规划范围与规模

规划范围为北起三溪路,东至凤仪东路,南至建坪路,西以明珠大道、三峡翻坝高速公路为界,规划总用地约6.86km^2,其中城市建设用地面积6.45km^2,规划人口规模4.6万人。

2. 规划性质

九里工业园是秭归经济开发区的重要组成部分,是秭归经济发展的增长极,是以光电子、纺织服装、食品加工、生物医药、新型建材为主导兼具居住和旅游服务等功能的生态工业园区。

3. 规划结构

本次规划形成"一带两轴、三心三片"的规划结构(图 7-10)。

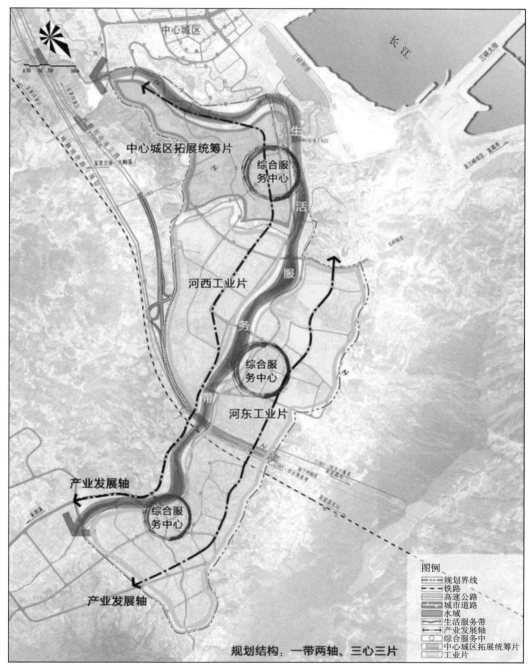

图 7-10 规划结构示意图

一带——指沿三汇溪、茅坪河形成的生活服务带；

两轴——指建东大道产业发展轴和凤仪大道产业发展轴；

三心——指均匀分布在河流两侧的三个综合服务中心；

三片——指中心城区拓展统筹片、河西工业片、河东工业片。

4. 土地利用规划

1）居住用地

规划形成4个居住社区，规划居住用地总面积91.27hm^2。

2）公共管理与公共服务设施用地

（1）行政办公用地：规划保留现状3处行政事业单位用地，规划行政办公用地面积0.72hm^2。因片区内陈家冲、九里、杨贵店、溪口坪村未全部纳入城市规划区，规划保留现状九里村村委会，迁建陈家冲、杨贵店、溪口坪村委会，未来随城市发展逐步完成"村改居"。

（2）文化设施用地：规划溪口坪新建1处文体活动中心，用地面积1.25hm^2。

（3）教育科研用地：规划保留现状九里小学，扩大现状陈家小学办学规模为18班，新增18班小学1所，新增30班初中1所，适龄高中学生进入县城中心城区入学，规划教育科研用地面积9.71hm^2。

（4）体育设施：规划结合绿地建设全民健身设施，共布置5处社区级体育活动场所，确保每千人享有500m^2的健身活动场所。

（5）医疗卫生用地：规划区现状有1处社区卫生服务中心为租用场地，规划迁址于迎宾路，用地面积0.19hm^2。

（6）社会福利用地：规划保留现状秭归县福利院，用地面积1.25hm^2。

规划公共管理与公共服务设施用地面积为13.12hm^2，占城市建设用地面积的2.04％。

3）商业服务业用地

规划商业服务业设施用地主要沿明珠大道和三汇溪两岸成带状布局，其中，明珠大道与楚天路规划1处旅游服务集散中心，三汇溪两侧形成具有秭归特色风貌的旅游商业街区，沿街散布的各类商业服务适当聚集，形成具有一定规模的专业化市场。社区级商业设施结合社区中心布置；保留现状1处加油站，新增3处加油站。

规划商业服务业设施用地面积68.57hm^2，占城市建设用地的10.63％，其中商业、居住混合用地面积17.52hm^2。

4）工业用地

（1）规划区内不允许引进占地多、低附加值、高耗能、高污染的企业，应着力发展高附加值、高效益的产业，引进高科技、无污染的企业。

（2）规划工业用地均为一类工业用地，用地面积为268.08hm^2，占城市建设用地面积的41.58％。

5）物流仓储用地

规划物流仓储用地面积为9.81hm^2，占城市建设用地面积的1.52％。

第七章 城市土地利用认识

6)道路与交通设施用地

(1)道路与交通设施用地面积为 85.99hm²,占城市建设用地面积的 13.34%。

(2)城市道路:规划将城市道路分为主干道、次干道和支路三级。规划主干道 5 条、次干道 6 条、支路 19 条。

(3)慢行系统:规划沿秭归城区茅坪河、三汇溪、绿地、平湖大道、滨湖大道形成南北通达的城区绿道,构成秭归县城慢行交通的主通道。

(4)公共交通:规划沿主、次干道布置南北向的 3 条公交线路,以楚天路为主要换乘区域,高速公路以北区域,公交站站距不大于 400m;高速公路以南区域,公交站站距不大于 600m。

(5)静态交通设施:规划 4 处主要用于客运车辆和货运车辆停放的社会公共停车场,分别位于楚天路、建南路和凤仪大道沿线,总用地面积约 16 177m²,折合小型车车位数量约 646 个。

(6)交叉口视距三角形内建筑物、构筑物、广告设施、绿化建设规定:任何建筑物、构筑物、广告设施不得阻挡交叉口视距三角形内的视线,该范围内的绿化不得高于 0.7m。

(7)建筑物与道路红线间用地的综合用途规定:建筑物与基本后退红线间的用地原则上应由建设单位用作绿化、停车等;基本后退红线与道路红线之间的用地由规划管理部门统一管理,原则上沿商业、市场街面的可用作加宽人行道,否则,一律作绿化用地。该地段内需设置广告的由规划管理部门审批。

7)公用设施用地

规划市政公用设施用地面积为 13.23hm²,占城市建设用地面积的 2.05%。

8)绿地与广场用地(图 7-11)

(1)规划规定的绿地包括公园绿地、防护绿地,绿地内允许建设少量游戏设施,总建筑面积不得超过绿地面积的 5%。

(2)规划三汇溪和茅坪河两侧原则上各控制不低于 5m 的滨河绿带,局部重点地段控制在 70~80m;规划居住区主干道一侧预留 10m 宽的绿道,形成网状道路绿化格局,加强规划区与周边生态环境的联系。规划公园绿地总面积为 45.34hm²,占城市建设用地面积的 7.03%。

(3)防护绿地:指城市道路、高速公路、铁路和高压走廊等防护绿地。规划防护绿地总面积 49.38hm²。

路线四 基地—三峡翻坝物流产业园—基地

1. 任务

了解三峡翻坝物流产业园的建设历史、基本概况、用地结构及基本功能。

2. 观察内容

No.006

点位:三峡翻坝物流产业园。
GPS:
点义:三峡翻坝物流产业园布局规划。

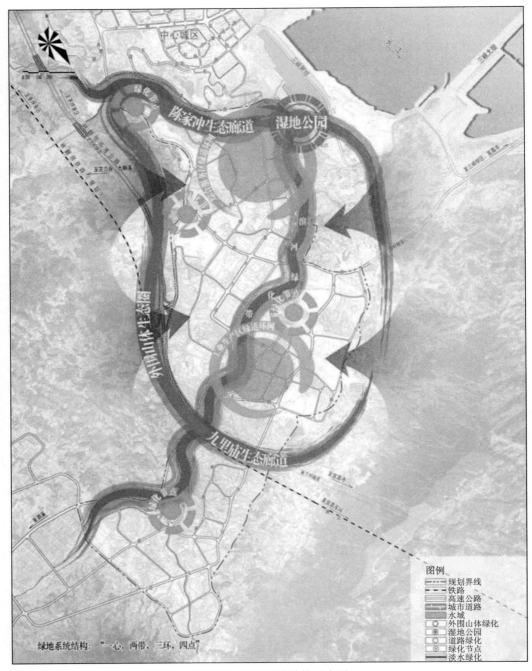

图 7-11 绿地系统结构示意图

观察描述如下。

1）地理区位

三峡翻坝物流产业园位于秭归县茅坪镇银杏坨村，地处三峡翻坝高速公路与长江的交汇处。

2)建设历史

该项目于2010年9月开工建设,至2011年底累计完成投资5.6亿元,场平工程已基本结束,完成土石方挖运1319万 m³,开发土地1772亩。滚装码头和杂件码头的引桥桩基部分已经完成,并进入下坡道和护岸施工;园区安置房银杏花园一期已交付使用,二期已开始施工。

2011年12月经省发改委立项批复,批准用地面积为3.06km²,总投资80亿元。后因三峡翻坝转运物资量逐年增长,规划控制面积调整为13km²,总投资300亿元。整个园区的核心部分是翻坝物流产业区,规划面积8km²,包括交通物流区、商贸物流区、临港工业区(图7-12)。

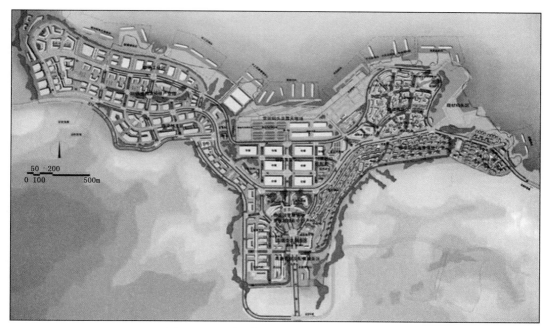

图7-12 三峡翻坝物流产业园规划效果图

2014年12月,三峡翻坝物流产业园建设已投资15亿元,开发土地3200亩,包括建设三峡翻坝物流产业园货运码头、三峡坝区(茅坪)货运中心大楼、疏港道路及箱涵工程等重要基础设施项目。

2019年,三峡翻坝物流产业园秭归港全面进入试运营阶段。

2020年7月,三峡翻坝物流产业园累计完成投资25亿元,已建成海关监管中转中心、重滚集中安检及调度楼、智慧物流信息中心、港区生产调度中心、茅坪作业区二期工程、污水处理厂,完成绿化亮化。

3)规划定位

三峡翻坝物流产业园着眼于以建设三峡翻坝综合转运体系为核心,带动物流、运输、加工、旅游等临港产业发展,建成湖北长江经济带的桥头堡、长江综合立体交通走廊的重要节点、三峡翻坝综合转运体系的核心区、三峡库区承接新型产业转移的集聚区。建成国际领先、国内一流的优秀物流产业园(图7-13)。

项目建成后将成为三峡地区"呼应汉渝"的重要翻坝物流基地、航运中转枢纽、港口服务中心和临港工业先导区，可创年利税10亿元，安置移民5000多人。

图7-13　三峡翻坝物流产业园规划定位

4）结构功能

该园区功能布局为交通物流区、商贸物流区和临港工业区。交通物流区占地1200亩，包括物流集散中心、露天货场、仓储、冷藏（冻）和港口码头、货车滚装码头、商品车滚装码头及信息中心、货运中心、综合服务区，总投资21.5亿元；商贸物流区占地600亩，包括农产品交易中心、中药材交易中心、工业品展销中心、星级宾馆等综合配套服务中心，总投资15亿元；临港工业中区占地3000亩，总投资25亿元（图7-14、图7-15）。

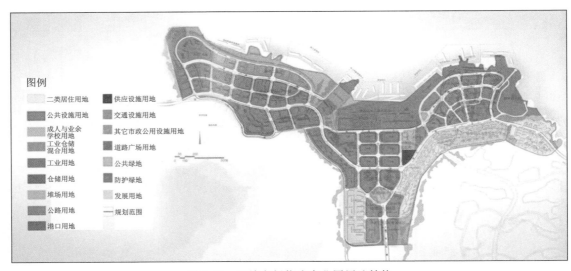

图7-14　三峡翻坝物流产业园用地结构

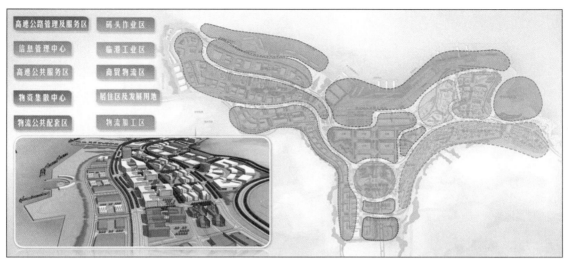

图 7-15 三峡翻坝物流产业园功能布局

第八章 土地整治工程认识

第一节 基本概念

一、土地整治

土地整治是指在一定区域内,按照土地利用总体规划、城市规划、土地整治专项规划确定的目标和用途,通过采取行政、经济和法律等手段,运用工程建设措施,通过对田、水、路、林、村实行综合整治、开发,对配置不当、利用不合理,以及分散、闲置、未被充分利用的农村居民点用地实施深度开发,提高土地集约利用率和产出率,改善生产、生活条件和生态环境的过程,其实质是合理组织土地利用。广义的土地整治包括土地整理、土地复垦和土地开发。

土地整治是为满足人类生产、生活和生态功能的需要,对未利用、不合理利用、损毁和退化土地进行综合治理活动。它是土地开发、土地整理、土地复垦和土地修复的统称[引自中华人民共和国土地管理行业标准《土地整治术语》(TD/T 1054—2018)]。

二、全域土地综合整治

全域土地综合整治是以科学规划为前提,以乡镇为基本实施单元,整体开展农用地、建设用地整理和乡村生态保护修复等,对闲置、利用低效、生态退化及环境破坏的区域实施国土空间综合治理的活动。

三、土地开发

土地开发指对未利用土地,通过工程、生物或综合措施,使其达到可利用状态的活动,包括开发为农用地和开发为建设用地。

四、土地整理

从广义上讲,土地整理是在一定区域内,按照土地利用规划或城市规划所确定的目标和用途,采取行政、经济、法律和工程技术手段,对土地利用状况进行综合整治、调整改造,提高土地利用率和产出率,改善生产、生活条件和生态环境的过程。简单地讲,土地整理即人们为了一定目的,依据规划对土地进行调整、安排和整治的活动,是合理组织土地利用、理顺土地关系的一种活动。

土地整理指对地块形态、土地权属和用地结构进行调整,对基础设施进行改良和配套建设,以提高土地利用效率和产出率,改善生产、生活、生态条件和功能的活动[引自中华人民共和国土地管理行业标准《土地整治术语》(TD/T 1054—2018)]。

五、土地复垦

根据《土地复垦条例》,土地复垦是指对生产建设活动和自然灾害损毁的土地,采取整治措施,使其达到可供利用状态的活动。

六、土地修复

土地修复是指对污染土地、退化土地采取综合治理措施,使其达到可供利用状态的活动[引自中华人民共和国土地管理行业标准《土地整治术语》(TD/T 1054—2018)]。

七、全域土地综合整治与生态修复工程

全域土地综合整治与生态修复工程是指在一定的区域内,以土地整治和城乡建设用地增减挂钩为平台,有效利用各类涉农资金,对农村田、水、路、林、村进行综合整治,改善农村生产、生活条件和生态环境,促进农业规模经营人口集中居住、产业集聚发展,推进城乡一体化进程的一项系统工程。

第二节 秭归县土地治理工程概况

一、基本情况

秭归县地处长江三峡山地地貌区域。长江由西向东将县境分为南、北两部分,江北北高南低,江南南高北低,呈盆地地形,境内群山相峙,多为南北走向,形成秭归县广大起伏的山冈丘陵和纵横交错的河谷地带。该县属亚热带大陆性季风气候,多年平均降水量为1 433.8mm,降雨年内分布不均,年最大降水量1 865.2mm,最小降水量733mm,降水多集中在7—9月,暴雨频次多,强度大,山洪灾害频发。

全县共有耕地3万hm²,其中坡耕地面积2.34万hm²,占耕地面积的78%,坡耕地面积中5°～15° 0.52万hm²,15°～25° 1.13万hm²,25°以上0.69万hm²,坡耕地是水土流失的主要策源地,坡耕地年土壤侵蚀量达260万t,占全县年侵蚀量的45.69%。

二、治理任务和投资安排情况

2013年12月,湖北省发改委以鄂发改审批〔2013〕1158号文对《秭归县坡耕地水土流失综合治理专项工程2013年度云台荒项目区实施方案》进行了批复。批复建设内容和规模为综合治理坡耕地356hm²,其中土坎坡改梯281.72hm²,石坎坡改梯74.28hm²,植物护梗103.96km,新修蓄水池53口、截水沟2.56km、排水沟3.84km、沉沙池53口、田间道路6.41km、机耕道4.92km。省发改委、水利厅以鄂发改投资〔2013〕723号文下达项目投资计划,建设内

容为坡改梯 0.534 万亩,配套田间道路、截排水沟、沉沙池、蓄水池等,项目计划总投资 1670 万元,其中中央投资 1000 万元,地方配套 670 万元。

2014 年 12 月,宜昌市发改委以宜发改审批〔2014〕586 号文对《秭归县坡耕地水土流失综合治理专项工程 2014 年度罗圈荒项目区实施方案》进行批复。批复建设内容和规模为综合治理坡耕地 355.33hm², 其中土坎坡改梯 290.4hm², 石坎坡改梯 64.93hm², 植物护梗 30.15km,截、排水沟 10.56km,蓄水池 23 口,沉沙池 41 座,田间道路 24.72km(其中新建人行道 10.61km,机耕道 4.42km,修复机耕道 9.69 千米)。省发改委、水利厅以鄂发改投资〔2014〕512 号文下达项目投资计划,建设内容为坡改梯 0.533 万亩,配套田间道路、截排水沟、沉沙池、蓄水池等,项目规划总投资 1666 万,其中中央投资 1000 万,地方配套 666 万。

2015 年 6 月,宜昌市发改委以宜发改审批〔2015〕171 号文对《秭归县坡耕地水土流失综合治理专项工程 2015 年度大金坪项目区实施方案》进行批复。批复建设内容和规模为综合治理坡耕地 259.8hm², 其中土坎坡改梯 180hm², 石坎坡改梯 79.8hm², 配套建设截排水沟 8.6km,新建人行道 4.36km,新修机耕道 0.23km,修复机耕道 2.63km,新建蓄水池 20 口,新建沉沙池 50 座。省发改委、水利厅以鄂发改投资〔2015〕415 号文下达项目投资计划,建设内容为坡改梯 0.32 万亩,配套田间道路、截排水沟、沉沙池、蓄水池等,项目规划总投资 1100 万元,其中中央投资 1000 万元,地方配套 100 万元。

三、治理任务和投资完成情况

2013 年度云台荒坡耕地项目工程于 2014 年 3 月开工,2015 年 1 月竣工,完成综合治理坡耕地 205.91hm², 其中土坎坡改梯 144.96hm², 石坎坡改梯 60.95hm², 新修蓄水池 26 口、沉沙池 27 座,截水沟 0.03km、排水沟 5.06km,田间道路 2.18km,机耕道 5.45km。截至 2015 年底,本项目计划到位资金 1015 万元,其中中央投资 1000 万元,地方配套 15 万元。经审计,该项目共完成投资 1025 万元,其中工程投资 1000 万元,待摊投资 25 万元,资金缺口 10 万元。

2014 年度罗圈荒坡耕地项目工程于 2015 年 2 月开工,2016 年 1 月竣工,完成综合治理坡耕地 209.89hm², 其中土坎坡改梯 144.96hm², 石坎坡改梯 64.93hm², 新修蓄水池 10 口、沉沙池 13 座,截水沟 0.87km、排水沟 5.3km,田间道路 10.2km,机耕道 5.64km。完成投资 1020 万元,其中中央投资 1000 万元,地方配套 20 万元。

2015 年度大金坪坡耕地项目于 2015 年 10 月开工,2016 年 4 月竣工,完成综合治理坡耕地 200.31hm², 其中土坎坡改梯 120.51hm², 石坎坡改梯 79.8hm², 新修蓄水池 16 口、沉沙池 41 座,截排水沟 8.6km,新建人行道 4.36km,新修机耕道 0.23km,修复机耕道 2.63km。完成投资 1031 万元,其中中央投资 1000 万元,地方配套 31 万元。

据统计,2013—2015 年,秭归县发改、财政、国土等部门共完成坡耕地综合治理面积 3 501.06hm²。

四、主要经验和做法

1. 领导重视,围绕产业精心谋划统筹项目

一是围绕产业发展,谋划项目。"十二五"期间,秭归县提出了建设"特色农业大县"的战略目标,着力实施了以"两果两叶"为重点的农业产业结构调整。目前柑橘、茶叶已步入健康稳定的发展轨道,成为全县农业特色支柱产业,而高山种植和烟叶产区地处中高山地区,自然环境恶劣。项目资金投入较少,基础设施相对落后,因此秭归县确定将高山种植和烟叶产区纳入坡耕地水土流失综合治理范围。项目规划选址时,由县政府办牵头,县发改、烟草、农业、水土保持等部门共同参与,按照"整体连片治理、改善环境面貌、倾斜重点产业、促进经济发展"的原则,以推动种植、烟叶产业发展与着力改善生态环境和农村基础设施建设为重点,以促进农业增产、农民增收、财政增效为目标,对全县耕地面积广、坡耕地比重大、水土流失严重的高山种植业和烟叶产区进行比选,确定杨林桥和两河口镇的云台荒、九畹溪镇的罗圈荒、郭家坝镇的大金坪和杨林桥镇的凤凰岭作为工程实施项目区。

二是打破部门界线,统筹项目。为达到治理一处、带动一片的效果,由县委、县政府主导,统筹和捆绑各部门项目,重点投入,着力构建水土保持生态环境建设平台。规划设计思路上,将该项目投资重点放到坡改梯上,项目区田间道路、排灌沟渠和蓄水池等配套项目由县发改、水利、交通、烟草、农业等部门予以配套完善。

三是尊重群众意愿,优化项目设计。在规划设计中尽量做到以人为本,对于每条田间道路修在哪里群众最方便,每条排水沟建在哪里最合适,都积极征求采纳当地干群意见,真正做到既科学设计,又满足群众生产生活需要。

2. 规范管理,从制度入手严格项目管理程序

一是严格执行工程建设"四制"管理。在坡耕地项目实施过程中,县政府确定县水土保持项目建设办公室为项目建设业主,组建了秭归县坡耕地水土流失综合治理专项工程项目法人。项目业主严格按照基本建设程序,通过政府采购和招投标确定设计、监理、招标代理和施工单位,做到了程序规范合法,操作公开透明。

二是制定完善水土保持项目管理制度。根据水土保持相关规范以及同类项目的各项管理办法和规定,秭归县水土保持局制定了《秭归县水土保持工程施工管理规定》《秭归县水土保持工程监理管理办法》《秭归县水土保持项目工程计量支付管理办法》《秭归县水土保持工程变更管理办法》《秭归县水土保持工程建设项目验收办法》,各项办法和制度的制定和落实,为确保项目管理中的工程安全、资金安全、干部安全提供了强有力的制度保障。

三是规范决策行为。为保证项目安全健康运行,项目决策客观、公正、科学,秭归县水土保持局对各级管理人员的决策权限作了具体界定。凡涉及资金调整、重大支出、管理人员调整、现场监理调整等项目管理的重大事项都必须经项目建设办公室讨论后,报局长办公会专题研究决定并形成专题办公会议纪要,下发到项目指挥部、监理单位和施工单位执行;变更设计达到2%~10%的,必须报局长办公会集体讨论决定,2%以下的,由分管领导及现场管理人员决定,但必须向局长办公会通报;现场管理人员只能协助监理单位和施工单位做好设计变更的可行性论证,不得做出任何设计变更决定。通过界定各级权限,避免了"一言堂"、乱表态的发生,保证了项目建设的质量和资金安全。

3. 强化现场管理,从严控制项目质量进度和资金

一是落实现场管理人员职责。在施工过程中实行技术人员、监理员联系各个标段,工作任务分解落实到人,坚持"谁主管、谁负责"的原则,做好技术指导、质量、进度、资金控制及相关协调服务工作。

二是接受群众监督。将工程建设质量标准向项目区群众进行公示,接受群众监督和举报,凡是有群众举报的质量问题,现场管理人员都及时到现场核实,督促整改。

三是强化督办。为确保工程建设工期和质量,工程从开工起,坚持半月召开一次工地例会,每月召开一次监理例会,督办工程进度,解决相关问题。

四是严格计量、实时计量。计量工作中,坚持达标计量、现场计量、及时计量、准确计量。凡是未达质量标准的不予计量,未经批准超设计工程量不予计量,资料不全的不予计量,现场计量由施工方、业主方、监理方共同参与,现场签字确认。通过严格的计量工作,较好地控制了工程建设质量,发挥了项目资金最大效益。

4. 强化协调服务,坚持以人为本创建和谐工程

项目建设涉及范围广、面积大、农户多,工程建设中,会遇到各种矛盾和问题,为及时化解矛盾、服务工程建设,我们多措并举,积极协调各方力量共同做好项目的协调服务与矛盾化解工作。

一是工程开工前,分别召开了项目村两委会、党员会、理事长会和屋场会,深入宣传项目建设的内容、目的和意义,让群众对项目有了初步的了解。三年来,在项目区发放水土保持宣传资料1800余份,并张贴项目告示书,让群众对项目建设有一个较全面的了解,从而得到了群众的大力支持。

二是政府为主,专班协调。项目建设中,项目区乡镇党委政府均成立了以分管领导为组长,乡经济发展办、综治、信访、派出所等部门和项目村为成员的项目建设协调工作专班,对群众提出的与项目建设密切相关的合理化建议和要求及时予以解决落实;与项目建设无关的要求,按照可疏不可堵,可解不可结,可化不可激的原则,由专班人员给群众做出耐心细致的解释,争取群众理解,及时化解工程建设中的各种矛盾65起。

5. 主要成效

一是有效治理项目区水土流失。利用蓄水池,截、排水沟等坡面水系工程拦蓄径流,科学配套坡面水系工程,因势利导,变害为利,解决了农作物灌溉用水问题,还使得坡地变梯地,贫地变肥地,"三跑土"变成了"三保土"。根据监测数据显示,治理后项目区水土流失情况得到有效遏制,每年减少地表径流6.01万 m^3,减少土壤侵蚀量3.19万 t。

二是改善农业生产条件,增强抵御自然灾害的能力,提高土地生产能力和土地生产效益。治理前,项目区坡耕地大多地形破碎、土壤贫瘠,加之项目区生态脆弱,汛期滑坡、垮塌等地质灾害频发,农业生产成本高。坡耕地项目实施后,增加了土壤养分含量,道路、沟渠网络交错,提高了农业耕作和抗旱减灾的能力,肥料用量也明显减少,"用水难、耕作难"得以有效改观。

中小型农业机械可以直接开到田间地头,大大节省了人力、物力,提高了生产效率。

三是助推特色产业发展,促进农民致富增收。在项目实施过程中,秭归县水土保持局根据"因地制宜、突出重点、扶持大户、示范带动"的原则,通过重点倾斜生态农业示范区和农业种植大户带动周边农户参与产业发展,在保证项目生态效益的同时,最大限度地提高项目经济效益。据统计,通过多年的工程综合治理,项目区耕作管理机械化程度大幅提高,经济作物产量得到保障,年净增直接经济效益共计590万元。

四是按照"治理水土流失、建设生态家园"的方针,将坡耕地综合治理与全县"幸福村落"创建紧密结合,山坡、沟谷与庭院统筹,治坡、治沟与治村并举,绿化、净化、美化了项目区当地人居环境,项目村都成为了"生产发展、乡风文明、村容整洁、环境优美"的新农村。

第三节　土地整治实习路线及内容

路线一　基地—张家冲—基地

1. 任务

(1)了解张家冲小流域气象、水文、水土流失、水土保持综合防治以及小流域生态管理等知识。

(2)了解水土流失对耕地的破坏作用、水土流失的成因及相关防治措施。

(3)认识水土流失的危害。

2. 观察内容

No.001

点位:张家冲小流域水土流失试验小区。

GPS:

点义:水土流失治理试验。

观察描述:

10个试验小区:大小10m×2m,25°坡地,分别为石坎梯田玉米小区、土坎梯田柑橘小区、土坎篱柑橘小区、坡篱玉米小区、坡篱茶小区、坡篱柑橘小区、坡地玉米小区、坡地茶小区、坡地柑橘小区、荒坡地小区。

小区四周用混凝土预制板分离,在每个小区下端出口处修建蓄水池以收集由降水产生的径流和泥沙,蓄水池体积$3.825m^3$(长1.7m、宽1.5m、深1.5m),池壁上装有水深刻度尺,降水后记录各小区产生的径流量(根据蓄水池中径流体积计算),并采集浑水样本1L,经充分烘干后称重,计算土壤流失量。

工作:绘制10个坡度对比小区平面草图(1∶50)。

No.002

点位:张家冲小流域出水口。

GPS:

点义:浑水取样及气象观测。

观察描述:

工作:绘制流域出水口取样处平面草图(1∶50)。

3. 秭归张家冲小流域水土流失试验站简介

张家冲小流域位于秭归县茅坪镇西南部,系长江一级支流茅坪河的子流域,距三峡大坝5km,距秭归县城8.5km。流域属亚热带季风气候,年降水量1200mm,降水主要集中在7—9月;属于典型的花岗岩分布区,土壤以花岗岩母质风化而成的石英砂为主。流域内共有居民703人,土地总面积为16.2km^2,林草覆盖率达62.6%,植被以亚热带常绿落叶阔叶混交林为主,林业资源有低山河谷的柑橘、半高山的茶叶和板栗、高山的木材等。

据2000年全国遥感调查,秭归县水力重力侵蚀造成水土流失面积1 335.92km^2,占全县面积的55.04%,年土壤侵蚀量420万t,平均侵蚀模数达到3150t/(km^2·a),相当于流失20cm土层厚的农田14 000亩。土壤侵蚀以面蚀为主,流失的土壤主要来源于坡耕地和荒地,全县坡耕地流失面积达到136.7km^2。

2003年,张家冲小流域水土保持试验站正式投入观测。目前试验站已经建成了包括19个取水点、5个自然小区、2个农作物增产试验小区、5个经济作物小区、9个坡度对比小区等试验观测场点,并设有4个雨量站、1个气象场。观测内容包括:不同坡度的降水量、径流总量、径流深度、径流系数和悬移质侵蚀模数,农作物、经济林、蔬菜物候期生长状况及投入产出效益、林木生长状况、植被覆盖率生物量等。

据张家冲小流域水土保持试验站2003年资料,该流域水土流失面积9.72km^2,占流域总面积的60%,其中轻度流失面积2.41km^2,占流域总面积的24.8%;中度流失面积4.95km^2,占流域总面积的50.9%;强烈流失面积0.8km^2,占流域总面积的8.2%;极强烈流失面积1.56km^2,占流域总面积的16.1%。流域年土壤流失量6705t,平均侵蚀模数413.9t/(km^2·a),水土流失以中轻度为主。在空间分布上,区内地质构造、地貌、水文等自然地理要素分布的差异性,使得区内水土流失强度也有一定的差异,总的趋势是自东南山麓向西北水土流失在加重。

流域水土流失类型有水力侵蚀和重力侵蚀,侵蚀以面蚀为主,面蚀主要发生在坡耕地、疏残林和植被覆盖率低的地方,25°以上的坡耕地和荒地水土流失最为严重,林地次之。由于面蚀涉及的面积广,使得被侵蚀的表土层既流失土壤又损失肥分。

水土流失的危害:①导致土层变薄,土壤质地变粗甚至沙化,肥力降低,土壤性状恶化;②减少了耕地的面积;③造成河床抬高,库塘淤积,使水利工程效益降低,使用寿命缩短;④降低了地基的稳定性;⑤污染了水体。

路线二 基地—茅坪镇月亮包村—基地

1. 任务

(1)了解采矿损毁土地类型。

(2)学习鉴定岩矿石。

(3)学习草测固体废弃物压占土地场地及尾矿库复垦场地。

2. 观察内容

No. 001

点位:茅坪镇月亮包村四组拐子沟金矿。

GPS:

点义:土地压占。

观察描述:

拐子沟金矿采用井巷开采方式,平硐洞口大量岩石固体废弃物沿沟压占土地,面积大约 $30m^2$。被压占的土地为农村宅基地。

工作:绘制平面草图(1∶100)。

No. 002

点位:拐子沟金矿尾矿库复垦场地。

GPS:

点义:土地压占、土地复垦。

观察描述:

拐子沟金矿尾矿库 1987 年建,压占土地面积为 $9480m^2$,库容量为 18 万 m^3。坝长 85m,坝高 22m。被压占的土地为坡耕地。经复垦后种草,变为其他草地。

工作:绘制平面草图(1∶100)。

3. 拐子沟金矿简介

1)矿区位置及交通

秭归县拐子沟金矿区位于秭归县城区约 210°方向,直线距离约 5km。行政区划隶属秭归县茅坪镇月亮包村和茶场村所辖,面积约 3.99km²。地理坐标为东经 110°54′42″—110°56′47″,北纬 30°47′05″—30°48′52″。矿区与秭归新县城有公路相通,运输距离约 8km。距长江三峡大坝仅 3km,距宜昌市 45km,交通方便。

2)自然地理经济

矿区地处长江南岸的中低山区,山势起伏较大,地形西高东低,坡度较陡,沟壑较发育,基岩裸露。区内最高点在矿区西部尖峰岭,海拔标高约 1000m,最低点在矿区东部,海拔标高约 400m,相对高差约 600m。

矿区为温暖潮湿雨量充沛的江南亚热带气候。据茅坪气象站(九里)资料:该区年降水量为 1000~1500mm,最大 1 718.4mm(1957 年),每年 5—8 月为雨季,此间降水量为 800~1000mm,占全年降水量的 50%~70%,年蒸发量为 960~1800mm;年均相对湿度 83%,年无霜期 250 天左右。最高温度 41℃(7—9 月),最低温度-13℃(12 月至次年 2 月),年平均温度 16.78℃。

矿区内工矿企业不发达，但矿区周围土地肥沃，人口密集，劳动力资源丰富。主要农作物为水稻、小麦、玉米，土豆次之。经济作物则为柑橘、花生、油菜等，居民生活相对较好。自 20 世纪 90 年代中后期起，随着三峡大坝工程开始在茅坪镇的修建和秭归县城迁移至茅坪镇，当地外来人口逐渐增多，工矿企业逐渐发达起来，带动了地方经济的快速发展，当地居民经济收入和生活水平显著提高。

区内水电资源丰富，交通方便，劳动力丰富，为矿山开采利用提供了较好的条件。

3）矿区地质特征

矿区位于黄陵背斜核南部的西南缘，天宝山复背斜南翼。黄陵背斜核部出露的地层，为前震旦系崆岭群，矿区出露的岩浆岩主要是与黄陵花岗岩同期侵入的黑云母石英闪长岩（距今 9.2 亿年），相当于吕梁期晋宁运动形成（δ_2^3），属于黄陵花岗岩边缘相产物，呈岩基产出。其中穿插有花岗岩脉（v）、辉绿玢岩脉（u）、长英岩脉、石英脉等。

石英脉按形成时期可分为两期：早期（成矿前）不含金石英脉、晚期（成矿期）含金石英脉。

成矿期石英脉：白色至灰白色，石英多呈较破碎的半自形粒状，局部为他形，常被压碎成碎裂状、角砾状及糜棱状。含金石英脉中一般含较多的黄铁矿和少量的黄铜矿、辉铜矿等。

含金石英脉常与蚀变闪长岩、糜棱岩一起组成含金破碎带，为矿区主要的载金体，其含金品位一般为数克每吨至几十克每吨。

控矿断裂有两组：一组为北西—北北西向（310°～345°），倾向北东，倾角 60°～80°；另一组为近南北向（4°～358°），倾向东，倾角 55°～65°，具压扭性。

矿石类型：石英脉型矿石和蚀变岩型矿石。石英脉型矿石的脉石矿物主要为石英，次为长石、绿泥石、绢云母，金属矿物主要为黄铁矿、黄铜矿和少量金矿物，次生矿物为褐铁矿、辉铜矿、蓝铜矿、铜蓝，偶见白钨矿、楣石等。蚀变岩型矿石的矿物组成为石英、长石（已绢云母化）、白云母、黑云母、绿泥石、方解石、黄铁矿、金矿物、褐铁矿等。

金矿物有自然金、含银自然金、银金矿、金的碲（铋）化物等。自然金约占金矿物的 95%，赋存状态主要有包体金、裂隙金和晶隙金 3 种形式。载金矿物主要为黄铁矿、黄铜矿、辉铜矿、石英等。

矿石中仅金达工业品位，属于贫硫化物型金矿石，矿区矿石一般品位 6.25～22.10g/t，最高品位 73.0g/t，平均品位 13.31g/t。

矿石储量：截至 2015 年 9 月，可采储量金矿石量为 3.66 万 t，金金属量为 316.11kg。金平均品位 8.8g/t，生产规模 1.5 万 t/a。现新增矿石量 4.3 万 t，金金属量 365.99kg。

服务年限：2 年 11 个月，2015 年—2018 年 8 月。

4）矿山开发利用现状

秭归金山实业有限公司茅坪拐子沟金矿始建于 1975 年，是一家集黄金采、选、冶于一体的民办企业（1985 年被划定为县属地方国营企业），从建矿至今已经有 40 余年的历史，现采矿权人为秭归金山实业有限公司，为私营企业。矿山于 2009 年整合大同金矿至今，基本上一直处于停产状态。

5）尾矿处理现状

该矿山尾矿库位于矿井西方向，距厂区 700m，该区建有两期尾矿库，滤样尾矿液存放尾矿（沙）。矿区日排放尾矿浆174.61t，体积140.9m³，其中尾矿库每天渗漏液124.61m³，渗漏液部分回用，剩余40.9m³经简单漂白粉氧化处理后排放自然水体注入茅坪河，存于库内的泥沙体年存储15 000t，可用于制砖即二次利用。尾矿库分为新老两库，总库容180 000m³。

尾矿库工程主要由存砂库、大坝、输浆系统、截水系统、导渗系统构成，其中大坝与存砂库盆起到拦挡和库存矿浆沉砂作用。

通过对该矿及矿山尾矿库的考察，可以对矿山尾矿的处理及对土地复垦等进行思考。

路线三 基地—郭家坝镇郭家坝村—基地

1. 任务

通过考察土地整治示范区，了解土地整治工程的类型及特点。

2. 观察内容

No. 001

点位：郭家坝镇郭家坝村烟白路（图8-1）。

GPS：

点义：土地整治工程。

观察描述：

重点描述田坎田面特点、灌排水系统、道路系统、土壤特征（土层厚度、土壤质地、结构、颜色）、植被生长状况。

图8-1 郭家坝镇郭家坝村土地整治示范区

工作：绘制平面草图（1∶100）。

3. 秭归县土地整治情况

截至 2019 年 10 月 22 日，秭归县自然资源和规划局落实最严格的耕地保护制度，夯实更严、更实、更细的耕地保护责任取得实效，整理 5.5 万亩土地成高标准农田，全县新增耕地地块 885 个。

秭归县建立健全耕地保护三级网络，压紧压实县乡村责任；基本农田勘界定标，落实到人，具体到块，基本实现了全县耕地总量平衡在 27 930hm^2，基本农田保护面积稳定在 22 545hm^2。

秭归县严格土地整治项目监管，提升耕地数量和质量。顺利完成 2015—2016 年度土地整治项目县级初验，建设总规模 3.5 万亩，总投资 8485 万元。2017 年度立项 2018—2019 年实施的 2 个土地整治项目，建设总规模 2 万亩，投资 4939 万元，除马家湾、五峪 2 个项目片处于刹尾阶段，其余项目已全部完工。2018 年度立项 2019 年实施的新型经营主体自建高标准农田项目，建设规模 8000 亩，投资 1400 万元，已通过验收；2018 年度 2 个县级投资土地开发项目 147.66hm^2，投资 977.25 万元，已基本完工，新增耕地 133.33hm^2；耕地质量等别调查评价与监测工作通过省厅验收。

秭归县自然资源和规划局牵头开展拆旧复垦工作，推进增减挂钩试点。统筹推进补充耕地项目核查，新增耕地地块 885 个。牵头组织开展了全县易地扶贫搬迁、危房改造和闲置土坯房的拆除复垦工作。全县已完成拆旧复垦 6000 余户，已通过市级验收 3520 户，复垦土地 2100 亩，易地扶贫搬迁拆旧复垦清零工作已基本完成。

附件　地类判读操作指导

根据遥感影像分类的理论依据,遥感影像中同类地物在纹理、光谱、光照、地形及其植被覆盖等条件相同时应具有相同或相似的光谱信息特征和空间信息特征,故同类地物像元的特征向量会集群在同一特征空间区域,而不同地物将集群在不同的特征空间区域。影像的分类通常有两种方法:计算机自动分类和目视解译分类。由于土地利用分类系统的主观性及其特殊性,影像判读采用目视解译方法,即内业判读依据正射遥感影像图,在计算机中将地类图斑绘制在外业调查工作地图上,并预判地类。

1. 地类判定的基本原则

(1)严格按照《第三次全国国土调查工作分类》(GB/T 21010—2017)的地类含义来确定用地类型。

(2)地类认定应保持唯一性。

(3)地类在空间上垂直交叠时,按照最上层的地物确定用地类型。

(4)地类在空间上水平交叉时,按照主要的地物确定用地类型。

2. 常见地类的认定

秭归教学实习中国土调查实习分类见表1。通过对图斑的色调、形状、大小、纹理、位置等空间信息特征进行对照分析,按照土地调查要求进行内业判读,对各种地类图斑进行划分和标注。具体如下:

(1)色调 Tone and Color:图像上反映目标物的相对亮度或颜色。

(2)形状 Shape:地物的周界或轮廓所构成的一种空间形式,反映出目标体的基本结构、外形等。它是一个很好的解释线索:人类活动的产物往往有直线型边界,自然产物往往有不规则的边界(如森林)。

(3)大小 Size:大小反映出目标体的尺度,它有助于目标物的解释。

(4)纹理 Texture:色调变化的空间频率。粗糙纹理,表现为灰度上的唐突变化,表面粗糙或结构复杂的地物反映为粗糙的纹理。精细纹理,表现为微小的变化,是物性均一性的表现(如原野、沥青、草地)。

(5)图案 Pattern:目标影像在空间上的排列形式。

(6)阴影 Shadow:是帮助图像解释的重要要素,因为它可反映目标体的轮廓与高度信息。它是形态与色调的派生解释标志,阴影也是识别地形信息的重要要素。

(7)相对位置关系 Association：通过相互关系的分析，有助于目标物的判明。

(8)水系标志：是非常重要的一种解译标志，对地形、地貌、岩性、构造解译都非常有用。

(9)其他：如季节对影像的影响，土壤、植被标志和人类活动标志。

表 1　第三次全国国土调查工作分类

一级类		二级类		含义
编码	名称	编码	名称	
00	湿地			指红树林地，天然的或人工的，永久的或间歇性的沼泽地、泥炭地，盐田、滩涂等
		0303	红树林地	指沿海生长红树植物的土地
		0304	森林沼泽	指以乔木森林植物为优势群落的淡水沼泽
		0306	灌丛沼泽	指以灌丛植物为优势群落的淡水沼泽
		0402	沼泽草地	指以天然草本植物为主的沼泽化的低地草甸、高寒草甸
		0603	盐田	指用于生产盐的土地，包括晒盐场所、盐池及附属设施用地
		1105	沿海滩涂	指沿海大潮高潮位与低潮位之间的潮浸地带，包括海岛的沿海滩涂，不包括已利用的滩涂
		1106	内陆滩涂	指河流、湖泊常水位至洪水位间的滩地；时令湖、河洪水位以下的滩地；水库、坑塘的正常蓄水位与洪水位间的滩地，包括海岛的内陆滩地，不包括已利用的滩涂
		1108	沼泽地	指经常积水或渍水，一般生长湿生植物的土地。包括草本沼泽、苔藓沼泽、内陆盐沼等，不包括森林沼泽、灌丛沼泽和沼泽草地
01	耕地			指种植农作物的土地，包括熟地，新开发、复垦、整理地，休闲地（含轮歇地、休耕地）；以种植农作物（含蔬菜）为主，间有零星果树、桑树或其他树木的土地；平均每年能保证收获一季的已垦滩地和海涂。耕地中包括南方宽度<1.0m，北方宽度<2.0m固定的沟、渠、路和地坎（埂）；临时种植药材、草皮、花卉、苗木等的耕地，临时种植果树、茶树和林木且耕作层未破坏的耕地，以及其他临时改变用途的耕地
		0101	水田	指用于种植水稻、莲藕等水生农作物的耕地。包括实行水生、旱生农作物轮种的耕地
		0102	水浇地	指有水源保证和灌溉设施，在一般年景能正常灌溉，种植旱生农作物（含蔬菜）的耕地。包括种植蔬菜的非工厂化的大棚用地
		0103	旱地	指无灌溉设施，主要靠天然降水种植旱生农作物的耕地，包括没有灌溉设施，仅靠引洪淤灌的耕地

续表1

一级类		二级类		含义		
编码	名称	编码	名称			
02	种植园用地			指种植以采集果、叶、根、茎、汁等为主的集约经营的多年生木本和草本作物,覆盖度大于50%或每亩株数大于合理株数70%的土地。包括用于育苗的土地		
		0201	果园	指种植果树的园地		
				0201K	可调整果园	指由耕地改为果园,但耕作层未被破坏的土地
		0202	茶园	指种植茶树的园地		
				0202K	可调整茶园	指由耕地改为茶园,但耕作层未被破坏的土地
		0203	橡胶园	指种植橡胶树的园地		
				0203K	可调整橡胶园	指由耕地改为橡胶园,但耕作层未被破坏的土地
		0204	其他园地	指种植桑树、可可、咖啡、油棕、胡椒、药材等其他多年生作物的园地		
				0204K	可调整其他园地	指由耕地改为其他园地,但耕作层未被破坏的土地
03	林地			指生长乔木、竹类、灌木的土地。包括迹地,不包括沿海生长红树林的土地、森林沼泽、灌丛沼泽、城镇、村庄范围内的绿化林木用地,铁路、公路征地范围内的林木,以及河流、沟渠的护堤林		
		0301	乔木林地	指乔木郁闭度≥0.2的林地,不包括森林沼泽		
				0301K	可调整乔木林地	指由耕地改为乔木林地,但耕作层未被破坏的土地
		0302	竹林地	指生长竹类植物,郁闭度≥0.2的林地		
				0302K	可调整竹林地	指由耕地改为竹林地,但耕作层未被破坏的土地
		0305	灌木林地	指灌木覆盖度≥40%的林地,不包括灌丛沼泽		
		0307	其他林地	包括疏林地(树木郁闭度≥0.1、<0.2的林地)、未成林地、迹地、苗圃等林地		
				0307K	可调整其他林地	指由耕地改为未成林造林地和苗圃,但耕作层未被破坏的土地

续表1

一级类		二级类		含义
编码	名称	编码	名称	
04	草地			指生长草本植物为主的土地。不包括沼泽草地
		0401	天然牧草地	指以天然草本植物为主,用于放牧或割草的草地,包括实施禁牧措施的草地,不包括沼泽草地
		0403	人工牧草地	指人工种植牧草的草地
				0403K 可调整人工牧草地 指由耕地改为人工牧草地,但耕作层未被破坏的土地
		0404	其他草地	指树木郁闭度<0.1,表层为土质,不用于放牧的草地
05	商业服务业用地			指主要用于商业、服务业的土地
		05H1	商业服务业设施用地	指主要用于零售、批发、餐饮、旅馆、商务金融、娱乐及其他商服的土地
		0508	物流仓储用地	指用于物资储备、中转、配送等场所的用地,包括物流仓储设施、配送中心、转运中心等
06	工矿用地			指主要用于工业、采矿等生产的土地。不包括盐田
		0601	工业用地	指工业生产、产品加工制造、机械和设备修理,以及直接为工业生产等服务的附属设施用地
		0602	采矿用地	指采矿、采石、采砂(沙)场,砖瓦窑等地面生产用地,排土(石)及尾矿堆放地,不包括盐田
07	住宅用地			指主要用于人们生活居住的房基地及其附属设施的土地
		0701	城镇住宅用地	指城镇用于生活居住的各类房屋用地及其附属设施用地,不含配套的商业服务设施等用地
		0702	农村宅基地	指农村用于生活居住的宅基地
08	公共管理与公共服务用地			指用于机关团体、新闻出版、科教文卫、公用设施等的土地
		08H1	机关团体新闻出版用地	指用于党政机关、社会团体、群众自治组织,广播电台、电视台、电影厂、报社、杂志社、通讯社、出版社等的用地
		08H2	科教文卫用地	指用于各类教育,独立的科研、勘察、研发、设计、检验检测、技术推广、环境评估与监测、科普等科研事业单位,医疗、保健、卫生、防疫、康复和急救设施,为社会提供福利和慈善服务的设施,图书、展览等公共文化活动设施,体育场馆和体育训练基地等用地及其附属设施用地
				08H2A 高教用地 指高等院校及其附属设施用地

续表1

一级类		二级类		含义
编码	名称	编码	名称	
08	公共管理与公共服务用地	0809	公用设施用地	指用于城乡基础设施的用地。包括供水、排水、污水处理、供电、供热、供气、邮政、电信、消防、环卫、公用设施维修等用地
		0810	公园与绿地	指城镇、村庄范围内的公园、动物园、植物园、街心花园、广场和用于休憩、美化环境及防护的绿化用地
		0810A	广场用地	指城镇、村庄范围内的广场用地
09	特殊用地			指用于军事设施、涉外、宗教、监教、殡葬、风景名胜等的土地
10	交通运输用地			指用于运输通行的地面线路、场站等的土地。包括民用机场、汽车客货运场站、港口、码头、地面运输管道和各种道路,以及轨道交通用地
		1001	铁路用地	指用于铁道线路及场站的用地。包括征地范围内的路堤、路堑、道沟、桥梁、林木等用地
		1002	轨道交通用地	指用于轻轨、现代有轨电车、单轨等轨道交通用地,以及场站的用地
		1003	公路用地	指用于国道、省道、县道和乡道的用地。包括征地范围内的路堤、路堑、道沟、桥梁、汽车停靠站、林木及直接为其服务的附属用地
		1004	城镇村道路用地	指城镇、村庄范围内公用道路及行道树用地,包括快速路、主干路、次干路、支路、专用人行道和非机动车道及其交叉口等
		1005	交通服务场站用地	指城镇、村庄范围内交通服务设施用地,包括公交枢纽及其附属设施用地、公路长途客运站、公共交通场站、公共停车场(含设有充电桩的停车场)、停车楼、教练场等用地,不包括交通指挥中心、交通队用地
10	交通运输用地	1006	农村道路	在农村范围内,南方1.0m≤宽度≤8.0m,北方2.0m≤宽度≤8.0m,用于村间、田间交通运输,并在国家公路网络体系之外,以服务于农村农业生产为主要用途的道路(含机耕道)
		1007	机场用地	指用于民用机场、军民合用机场的用地
		1008	港口码头用地	指用于人工修建的客运、货运、捕捞及工程、工作船舶停靠的场所及其附属建筑物的用地。不包括常水位以下部分
		1009	管道运输用地	指用于运输煤炭、矿石、石油、天然气等管道及其相应附属设施的地上部分用地

续表1

一级类		二级类		含义
编码	名称	编码	名称	
11	水域及水利设施用地			指陆地水域、沟渠、水工建筑物等用地。不包括滞洪区
		1101	河流水面	指天然形成或人工开挖河流常水位岸线之间的水面。不包括被堤坝拦截后形成的水库区段水面
		1102	湖泊水面	指天然形成的积水区常水位岸线所围成的水面
		1103	水库水面	指人工拦截汇集而成的总设计库容≥10万m³的水库正常蓄水位岸线所围成的水面
		1104	坑塘水面	指人工开挖或天然形成的蓄水量<10万m³的坑塘常水位岸线所围成的水面
			1104A 养殖坑塘	指人工开挖或天然形成的用于水产养殖的水面及相应附属设施用地
			1104K 可调整养殖坑塘	指由耕地改为养殖坑塘,但可复耕为土地
		1107	沟渠	指人工修建,南方宽度≥1.0m、北方宽度≥2.0m,用于引、排、灌的渠道,包括渠槽、渠堤、护路林及小型泵站
			1107A 干渠	指除农田水利用地以外的人工修建的沟渠
		1109	水工建筑用地	指人工修建的闸、坝、堤路林、水电厂房、扬水站等常水位岸线以上的建(构)筑物用地
		1110	冰川及永久积雪	指表层被冰雪常年覆盖的土地
12	其他土地			指上述地类以外其他类型的土地
		1201	空闲地	指城镇、村庄、工矿范围内尚未使用的土地。包括尚未确定用途的土地
		1202	设施农用地	指直接用于经营性畜禽养殖生产的设施及附属设施用地;直接用于作物栽培或水产养殖等农产品生产的设施及附属设施用地;直接用于设施农业项目辅助生产的设施用地;晾晒场、粮食果品烘干设施、粮食和农资临时存放场所、大型农机具临时存放场所等规模化粮食生产所必需的配套设施用地
		1203	田坎	指梯田及梯状坡地耕地中,主要用于拦蓄水和护坡,南方宽度≥1.0m、北方宽度≥2.0m的地坎

续表1

一级类		二级类		含义
编码	名称	编码	名称	
12	其他土地	1204	盐碱地	指表层盐碱聚集，生长天然耐盐植物的土地
		1205	沙地	指表层为沙覆盖、基本无植被的土地。不包括滩涂中的沙地
		1206	裸土地	指表层为土质，基本无植被覆盖的土地
		1207	裸岩石砾地	指表层为岩石或石砾，其覆盖面积≥70%的土地

3. 常见地类影像标识库

在利用遥感影像进行土地利用现状调查过程中，遥感解译的准确程度直接影响着调查的质量，为了确保解译的准确性，必须建立统一、可靠的影像解译标志库。影像解译标志库，应根据形状、大小、阴影、色调、颜色、纹理、图案、位置和布局等影像特征，遵循一定的规律，建立影像和实际土地利用类型之间的对应关系，从而统一判读标准。教学实习中常用地类影像标志示例见表2。

表2 影像解译标志库示例

地类名称	含义	判读特征
耕地		01
水浇地 0102	指有水源保证和灌溉设施，在一般年景能正常灌溉，种植旱生农作物（含蔬菜）的耕地。包括种植蔬菜的非工厂化的大棚用地	影像的几何特征规则，地块大，排列整齐，多为矩形，影像色调较为丰富，呈现浅绿色至深绿色，或者淡蓝等颜色。纹理较粗糙，成细条状，但与其他的地类间色差很明显。 山区水浇地：主要分布在山区，山坡（缓坡、山腰、陡坡台地等）及山前带上。影像的几何特征不规则，地块有大有小，但很分散，地类界线明显。色调为黄褐色、淡蓝和绿色。没有种植的田块呈灰白色。影像质地较粗糙，纹理不均匀

续表 2

地类名称	含义	判读特征
园地		02
果园 0201	指种植果树的园地	多分布于有居民地的山坡上，形状不规则，面积不大，在影像上主要呈现为绿色底上带黑色小点，点的排列很整齐，点的分布较林地松散，果园的郁闭度不大，植株距离稍大，与林地区分时应注意点的分布及疏密状态，较稀的应划分为果园
茶园 0202	指种植茶树的园地	多分布于有居民地的山坡上，形状不规则，为绿色底上带黑色带状的线性，图案较为规则
林地		03
乔木地 0301	指树木郁闭度≥0.2 的乔木林地	有林地在影像中可以看到树荫，颜色呈墨绿色，色调不均匀，有黑色不规则的小点，在比较繁茂的地方呈片状，边界有绿点溢出，形状多呈现条带或片状，但与其他地类的边界滑润清晰。多分布在离居民地较近的山沟中、阴坡上

续表 2

地类名称	含义	判读特征
交通运输用地	10	
农村道路 1006	在农村范围内,南方 1.0m≤宽度≤8.0m,北方 2.0m≤宽度≤8.0m,用于村间、田间交通运输,并在国家公路网络体系之外,以服务于农村农业生产为主要用途的道路(含机耕道)	在影像上为暗灰色或白色,有一定宽度的线形地物,其宽度时有变化,弯曲部分曲率半径小,弯度大。两旁往往有行道树遮挡,纹理较精细,常靠近房屋或耕地
水域及水利设施用地	11	
河流水面 1101	指天然形成或人工开挖河流常水位岸线之间的水面,不包括被堤坝拦截后形成的水库水面	自然形成的河流呈弯曲线状或带状,颜色呈褐色或墨绿色,与其他地物界限清晰,影像纹理清晰。在地势最低的地方和山沟中。河流的两旁一般会有树木或沙石,会有桥梁在其上穿过
坑塘水面 1104	主要指人工开挖或天然形成的蓄水量<10万 m^3 的坑塘常水位岸线所围成的水面	色调均匀,一般呈深绿色或蓝色,形状不一,以片状或带状为主。影像质底较细腻,纹理清晰

续表 2

地类名称	含义	判读特征
住宅用地	07	
农村宅基地 0702	指农村用于生活居住的宅基地	多分布于阳坡,半山腰偏下,较为平坦的地方,附近有水源,有交通要道。在影像上为灰黑色或灰白色,排列较为整齐,间隙有绿色树木,包括居民地前后的树木、牲口棚等辅助设施

主要参考文献

毕宝德,2010.土地经济学[M].6版.北京:中国人民大学出版社.
黄昌勇,徐建明,2010.土壤学[M].3版.北京:中国农业出版社.
王秋兵,2002.土地资源学[M].北京:中国农业出版社.
王万茂,王群,2010.土地利用规划学[M].北京:北京师范大学出版社.
吴志强,李德华,2010.城市规划原理[M].北京:中国建筑工业出版社.
周学武,2020.土地复垦技术原理[M].武汉:中国地质大学出版社.